Herzlich Willkommen zum

Klausurentrainer Grundlagen Statistik
–
Einfach verstehen, erfolgreich anwenden!

Diese Aufgabensammlung haben wir mit viel Sorgfalt zusammengestellt, um dir einen einfachen und verständlichen Einstieg in die wichtigsten statistischen Konzepte und Methoden zu bieten. Sie richtet sich an alle, die Statistik nicht nur verstehen, sondern auch erfolgreich anwenden möchten – ganz egal, wo du studierst oder welches Fach du belegt hast.

Bereits während wir das Modul Statistik an der Universität absolviert haben, fiel uns auf, dass es an Literatur mangelt, welche die Grundlagen der Statistik effektiv abdeckt und auch tatsächlich praktisch abprüft. Während es zahlreiche Bücher gibt, die die Theorie erklären, findet man nur selten Aufgabensammlungen mit Lösungen.
Gerade das praktische Üben und Automatisieren ist zur Meisterung der Statistik unerlässlich. Als wir den Kurs erfolgreich absolviert hatten und unsere Tätigkeit als Statistiktutoren begannen, entschlossen wir uns dazu, die Sache selbst in die Hand zu nehmen und ein Buch zu verfassen, welches genau zu diese Ansprüchen erfüllt.

Die Themen reichen von den Grundlagen wie Tabellendarstellung und Lageparametern über die Stochastik bis hin zu fortgeschrittenen Techniken wie Zeitreihenanalyse, Regression und Konzentrationsmaßen. Außerdem zeigen wir dir, wie du wichtige Testverfahren wie den Gaußtest, den T-Test und den Chi²-Test sicher anwendest.

Durch vielseitige Aufgabenstellungen mit Lösungen vermittelt dir dieses Buch die Fähigkeit, die Herausforderungen der Statistik gekonnt und sicher anzugehen. Themen, welche unserer Erfahrung nach besonders anspruchsvoll und komplex sind, haben wir mit Schritt für Schritt Erklärungen ergänzt, um dir ein klares Verständnis und eine gute Methodik für das Lösen der vielen Aufgabenbereiche zu vermitteln.

Wir hoffen, dass dir diese Aufgabensammlung dabei hilft, dich optimal auf deine Prüfungen vorzubereiten und die Statistik mit Erfolg zu meistern.

Viel Spaß und Erfolg!
Nick und Ruben

Inhaltsverzeichnis

Autoren

Nick Koch
nickoc@gmx.de

Ruben Kaesler
ruben.kaesler02@gmail.com

Verlag

Druck

BoD · Books on Demand
GmbH
In de Tarpen 42
22848 Norderstedt

Libri Plureos GmbH
Friedensallee 273
22763 Hamburg

Nachdruck und Vervielfältigung

Bibliografische Information

Die Deutsche Nationalbibliothek verzeichnet diese Publikation in der Deutschen Nationalbibliografie; detaillierte bibliografische Daten sind im Internet über dnb.dnb.de abrufbar.

Copyright

Text und Datamining

ISBN

978-3-7583-4255-4

Umschlaggestaltung

Giulia Travagliante
behance.net/giuliatravagl

0. Grundlagen

0.1 Datenerhebung

Aufgabe 1:

Bei einer Umfrage zu politischen Wahlen werden 100 Einwohner der Stadt Zell zu ihrer Parteiwahl befragt. Die Befragung findet in einem Zeitraum vom 02.04. bis zum 07.04. statt. Bei dem Fragebogen soll man ausfüllen, für welche Parteien man stimmen würde. Zur Auswahl stehen: Tierschutzpartei, Die Partei, Freibierpartei und Partypartei. Man kann bezüglich der Frage, ob man die Parteien wählen würde, jeweils Ja oder Nein ankreuzen.

a)   Nenne die statistische Masse sowie die statistische Einheit dieser Befragung.

b)   Erkläre, ob die erhobenen Daten einem nominalen, ordinalen oder kardinalen Skalenniveau entsprechen. Begründe deine Antwort.

c)   Nenne alle möglichen Merkmale sowie deren Merkmalsausprägungen.

Aufgabe 2:

Kreuze hier jeweils die richtigen Antworten an.

a) Ein statistisches Institut befragt 10.000 Menschen zu ihrem Brotkonsum. Sie sollen in Gramm angeben, wieviel Brot sie täglich konsumieren.

Welche Art der Erhebung wird hier durchgeführt?

o   Primärerhebung
o   Sekundärerhebung

Welchem Skalenniveau entsprechen die erhobenen Daten?

o   Nominal
o   Ordinal
o   Kardinal

0. Grundlagen

0.1 Datenerhebung

Aufgabe 2:

b)
Die Mitarbeiter einer Firma füllen einen Fragebogen zu ihrer Zufriedenheit am Arbeitsplatz aus. Sie sollen ihre Zufriedenheit auf einer Skala von 1-10 einordnen.

Welche Art der Erhebung wird hier durchgeführt?

- o   Primärerhebung
- o   Sekundärerhebung

Welchem Skalenniveau entsprechen die erhobenen Daten?

- o   Nominal
- o   Ordinal
- o   Kardinal

c)
Eine Investmentbank lässt sich von einem Forschungsinstitut Daten zu den Aktien bekannter Unternehmen geben. Die verschiedenen Aktien sind jeweils entweder mit den Angaben „Kaufen", „Halten", oder „Verkaufen" versehen.

Welche Art der Erhebung wird hier durchgeführt?

- o   Primärerhebung
- o   Sekundärerhebung

Welchem Skalenniveau entsprechen die erhobenen Daten?

- o   Nominal
- o   Ordinal
- o   Kardinal

0. Grundlagen

0.1 Datenerhebung

Aufgabe 2:

d) Eine Fluggesellschaft lässt sich Daten zur Wetterlage von einem Wetterinstitut geben. Das Wetterinstitut gibt der Fluggesellschaft Daten zur Temperatur in C.

Welche Art der Erhebung wird hier durchgeführt?

- ○ Primärerhebung
- ○ Sekundärerhebung

Welchem Skalenniveau entsprechen die erhobenen Daten?

- ○ Nominal
- ○ Ordinal
- ○ Kardinal

e) Die Fluggesellschaft benötigt außerdem Daten zum Niederschlag. Diese erhebt sie selbst und vermerkt die Menge des Niederschlags in mm.

Welche Art der Erhebung wird hier durchgeführt?

- ○ Primärerhebung
- ○ Sekundärerhebung

Welchem Skalenniveau entsprechen die erhobenen Daten?

- ○ Nominal
- ○ Ordinal
- ○ Kardinal

0. Grundlagen

0.1 Datenerhebung

Aufgabe 2:

f)
Zu guter Letzt erhebt die Fluggesellschaft Daten zur täglichen Anzahl an Passagieren. Diese werden durch das statistische Sammeln sämtlicher Check-ins erhoben.

Welche Art der Erhebung wird hier durchgeführt?

○   Primärerhebung
○   Sekundärerhebung

Welchem Skalenniveau entsprechen die erhobenen Daten?

○   Nominal
○   Ordinal
○   Kardinal

Aufgabe 3:

Gebe bei den folgenden Daten die statistischen Merkmale und deren relevante Merkmalsausprägungen an:

a) Anzahl der Museumsbesucher:
(Montag,11);(Dienstag,34);(Mittwoch,54);(Donnerstag,65);(Freitag,23)

b) Menge gebrautes Bier:
20 Liter, 40 Liter, 52 Liter, 32 Liter, 24 Liter

c) Temperatur in Celsius in einer Sommerwoche
29C, 31C, 35C, 23C, 24C, 27C, 25C

1. Tabellen Grundlagen - Darstellung und Lageparameter

1.1 Tabellen Grundlagen I - vollständige Tabellen

Ingo besitzt einen Fahrradladen. Um herauszufinden, wie er sein Produktportfolio sinnvoll erweitern kann, möchte herausfinden,

wer seine Kunden sind.

An einem Tag hat er folgende Beobachtungen gemacht:

M19, M29, M14, F26, F21, M21, M29, F16, M29, F22, F21, M28, M17, M18, F23, F25, F20, F20, M18, F21, F22, M25, M17, F20, F29, M19, F19, M28, F22, F18, M17, F16, M21, F27, M23, F25 und M20.

Aufgabe 1

Erstellen Sie eine zweidimensionale Häufigkeitstabelle mit den Klassen [13-21); [21-26) und [26-29]

a. Als absolute Tabelle

b. Als relative Tabelle

Aufgabe 2

Bestimmen sie folgende Werte:

a) Modalwert
b) Jeweils den Median der Männer und der Frauen
c) Feinberechneter Zentralwert der Altersklassen
d) Arithmetisches Mittel aller möglichen Klassen
e) Erstellen Sie ein Histogramm für beide Randverteilungen

1. Tabellen Grundlagen - Darstellung und Lageparameter

1.1 Tabellen Grundlagen I - vollständige Tabellen

Aufgabe 3

Eine Aktie ist in den letzten drei Jahren wie folgt gestiegen:

Jahr 1: +120%
Jahr 2: +70%
Jahr 3: +289%

Berechne die durchschnittliche Steigung der drei Jahre mithilfe des geometrischen Mittels.

Aufgabe 4

Das Aktienportfolio von Olaf hat in den letzten acht Jahren folgende Performance hingelegt:

- Jahr 1: 20.000€
- Jahr 2: 22.000€
- Jahr 3: 26.000€
- Jahr 4: 18.000€
- Jahr 5: 22.000€
- Jahr 6: 24.000€
- Jahr 7: 27.000€
- Jahr 8: 31.000€

Berechne die durchschnittliche Steigerung mithilfe des geometrischen Mittels.

1. Tabellen Grundlagen - Darstellung und Lageparameter

1.2 Tabellen Grundlagen II - unvollständige Tabellen

Aufgabe 1

Fahrradladenbesitzer Ingo hat sich gefragt, wie viel seine Kunden bereit sind für ein Fahrrad zu bezahlen.
Dazu hat er auf zwei verschiedenen Fahrradmessen die Besucher befragt.

Folgende Beobachtungen hat er gemacht:

Messe 1:

n = 100	100 - 200 €	200 - 300 €	300 - 400 €	400 - 500 €
Rennrad	7	0,12	3	11%
Mountainbike	14	7	9%	12
Stadtfahrrad	0,09	?	2	1

Messe 2

n = 150	100 - 200 €	200 - 400 €	400 - 500 €
Rennrad	15	30	0
Mountainbike	10%	0,2	0,15
Stadtfahrrad	?	0,05	0,025

a) Wie viele der Befragten auf Messe 1 würden ein Rennrad kaufen, egal wie teuer es wäre?

b) Wie viele der Befragten der Messe 2 (absolut) würden ein Stadtfahrrad kaufen, wenn es zwischen 100 und 400 Euro kostet?

c) Was wäre der durchschnittliche Preis für ein Rennrad, wenn man das arithmetische Mittel berechnet? (Beide Messen einbezogen)

d) Welches Fahrrad wurde an beiden Messen für welchen Preis am Meisten gewählt?

e) Welches Fahrrad wurde an beiden Messen für welchen Preis am Wenigsten gewählt?

2. Tabellen Fortgeschritten (Zusammenhangsmaße)

2.1 Tabellen Fortgeschritten I - vollständige Tabellen

Aufgabe 1

Berechne die Stärke des Zusammenhangs zwischen Reparaturen und Stürzen.

X = Reparaturen im Jahr
Y = Stürze im Jahr

n = 100	1 - 2	2 - 3	3 - 4	4 - 5	Σ
0 - 2	15	10	3	2	30
2 - 4	5	10	10	10	35
4 - 6	0	5	12	18	35
Σ	20	25	25	30	100

a) Berechne das arithmetische Mittel aus x und y.
b) Berechne die Standardabweichung von x und y.
c) Berechne die Kovarianz.
d) Berechne den Korrelationskoeffizienten.
e) Was sagt uns dieser Wert über den Zusammenhang der Stürze und der Anzahl der Reparaturen?

Aufgabe 2

Bei der folgenden Datenreihe wurden die Merkmale Alter und Größe in cm von Studenten notiert:

15, 176/ 14, 172/ 17, 182/ 22,190/ 21,183/18, 180/ 18,177 / 16,172/ 21,179 / 23,175 / 17, 173 / 15, 169 / 14, 172 / 16, 173 / 21, 181 / 20, 189/ 14, 191

a) Berechne den Modalwert, den Median und das Arithmetische Mittel für alle Merkmale!

b) Stelle eine mehrdimensionale Häufigkeitstabelle auf. Klassiere die Merkmale wie folgt: Alter (14-17)(17-20)(20-23) Größe (165-175)(175-185)(185-195)!

c) Berechne die Kovarianz

d) Berechne nun den Korrelationskoeffizienten. Begründe, ob zwischen Alter und Größe ein Zusammenhang besteht!

2. Tabellen Fortgeschritten (Zusammenhangsmaße)

2.1 Tabellen Fortgeschritten I - vollständige Tabellen

Aufgabe 3

Für eine Umfrage wurden Daten zu Temperatur und der Anzahl von Schwimmbadbesuchern erhoben. Gezählt wurden hier die Tage, an denen bestimmte Merkmale zutreffen.

Folgende Tabelle ist gegeben:

Temperatur/ Besucher	[20 - 24) C°	[24-26) C°	[26-28) C°	[28-32] C°
[10-20)	6	5	7	0
[20-30)	4	3	0	6
[30-40)	0	7	8	8
[40-50]	0	0	9	11

a) Berechne den feinberechneten Zentralwert sowie das arithmetische Mittel. Gebe außerdem den Modalwert der Temperatur an.

b) Berechne nun die Standardabweichungen für x und y.

c) Berechne die Kovarianz und anschließend den Korrelationskoeffizienten. Besteht ein Zusammenhang zwischen den beiden Merkmalen?

2. Tabellen Fortgeschritten (Zusammenhangsmaße)

2.2. Tabellen Fortgeschritten II - unvollständige Tabellen

Aufgabe 1

Ein Elektroladen möchten herausfinden, wie viel Geld er für aufbereitete Produkte der jeweiligen Marke bekommen hat. Der Praktikant hat allerdings ein paar der Belege verloren.
Nun sollst du die fehlenden Daten ergänzen und die gefragten Werte berechnen.

Marke Preis	Lenovo	Acer	Microsoft	Apple	Σ
250 - 450€	30	0,14	5	0,004	
450 - 650€	14%		15	38	199
650 - 850€	0,08		6	0,6%	
> 850€		0,01	0,04	100	
Σ	150				500

Folgende Werte sollst du zusätzlich berechnen:
a) Modalwert
b) XFZ des Preises
c) Arithmetisches Mittel
d) Kovarianz

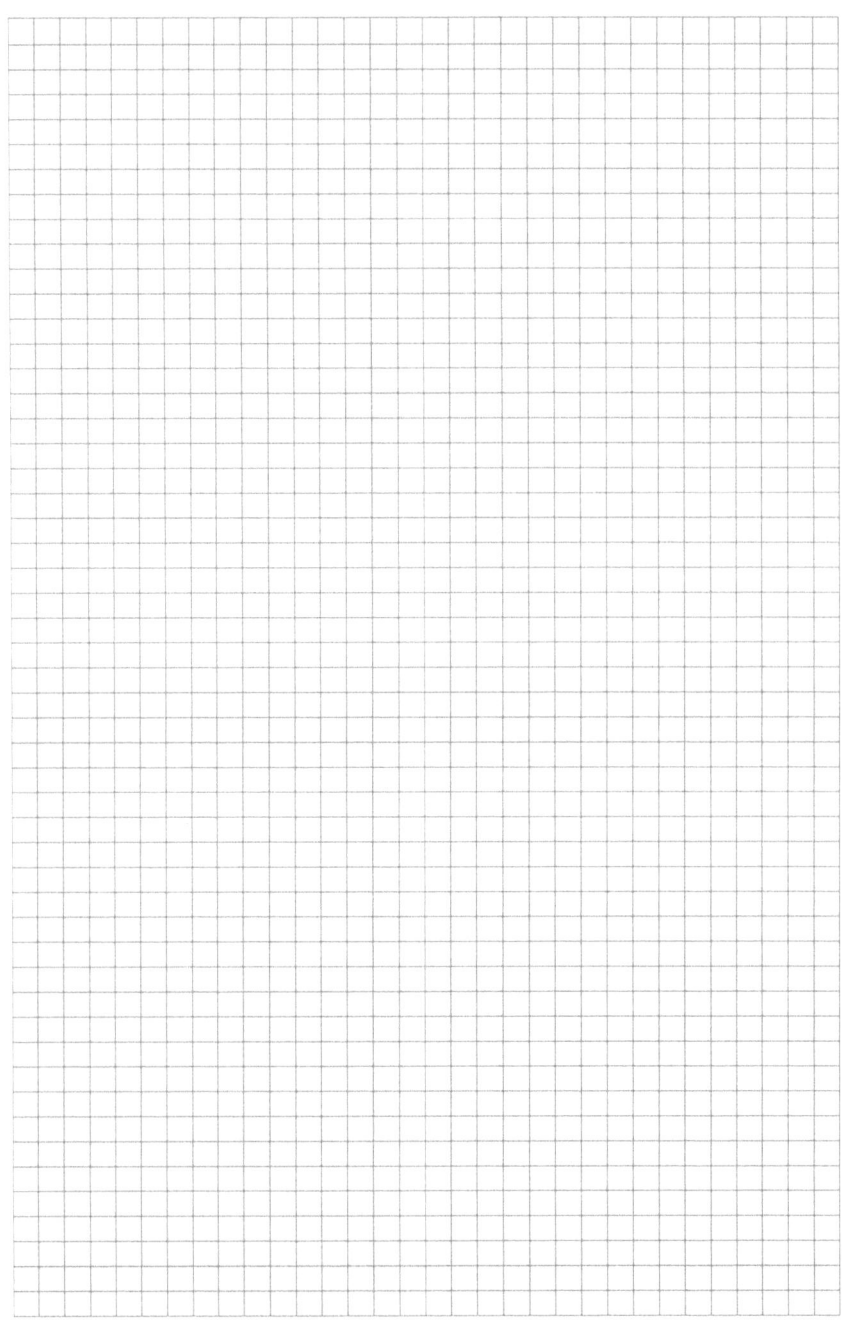

3. Zeitreihenanalyse

Aufgabe 1

Ingo hat über einen Zeitraum von 20 Wochen die Anzahl der Besucher in seinem Fahrradladen festgehalten. Nun sollst du seine Daten übersichtlich auswerten. Er geht der Einfachheit davon aus, dass ein Monat vier Wochen hat.

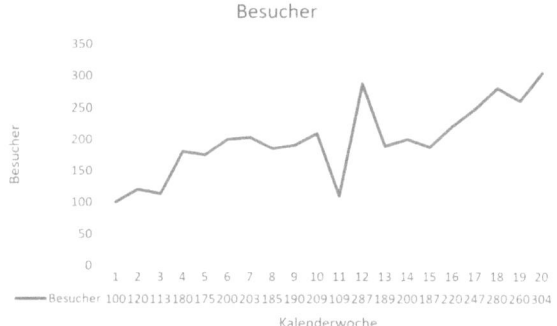

Berechne den geglätteten Durchschnitt der 4. Ordnung und zeichne ihn ein.

Aufgabe 2

Prognostiziere den exponentiell geglätteten Wert der Verkäufe für den 01.05.2024

25. Apr	26. Apr	27. Apr	28. Apr	29. Apr	30. Apr	01.05.2024
750	800	590	806	405	794	???

4. Bestand

Aufgabe 1

Für ein Parkhaus wurde im Laufe eines Tages dokumentiert, wie viele Autos ein- bzw. ausgefahren sind. Die Dokumentation wurde in die 8 Stunden unterteilt, in denen das Parkhaus geöffnet hatte. Vervollständige als erstes die Tabelle:

	1	2	3	4	5	6	7	8
Zugang	7		0	5			4	1
Abgang	0	1	4	2	3	5		
Bestand		12			17	14	18	0

Berechne nun die mittlere Verweildauer, den durchschnittlichen Bestand sowie die Umschlagshäufigkeit.

Aufgabe 2

Ein Lager für Schrauben hat folgende Zugänge und Abgänge dokumentiert:

	02.01.2025	02.03.2025	02.04.2025	02.06.2025	02.07.2025
Zugang	873		734		123
Abgang	214	222	654	685	1013
Bestand		1450		890	0

a) Vervollständige die Tabelle

b) Berechne den durchschnittlichen Bestand, die mittlere Verweildauer und die Umschlagshäufigkeit.

5. Regression

Heinz ist ein Naturfreund und liebt es, in den örtlichen Bergen nach Adlern Ausschau zu halten. Er dokumentiert die Sichtungen und gibt sie an eine örtliche Naturschutzorganisation weiter, welche die Daten auswertet um den Adlerbestand der nächsten Jahre zu prognostizierten.

In der folgenden Tabelle sind die Sichtungen dokumentiert:

Datum	Zeitindex (t)	Gesichtete Adler	Datum	Zeitindex (t)	Gesichtete Adler
01/2024	1	7	01/2025	13	6
02/2024	2	4	02/2025	14	3
03/2024	3	8	03/2025	15	7
04/2024	4	12	04/2025	16	10
05/2024	5	15	05/2025	17	12
06/2024	6	18	06/2025	18	15
07/2024	7	19	07/2025	19	15
08/2024	8	17	08/2025	20	11
09/2024	9	14	09/2025	21	9
10/2024	10	9	10/2025	22	3
11/2024	11	3	11/2025	23	0
12/2024	12	1	12/2025	24	1

Zusätzlich zu der Tabelle sind folgende Werte für eine Regressionsfunktion gegeben:

a = 12,4
b = -0,26

Aufgabe 1

Berechne den Trend und die periodischen Schwankungen. Prognostiziere anschließend für den Bestände dieser drei Monate:

Juni 2026, Dezember 2026, August 2027

5. Regression

Das Unternehmen Sintex verkauft europaweit Schwimmringe. Als neu angestellter Wirtschaftswissenschaftler sollst du die Verkaufswerte für das nächste Jahr prognostizieren. In der folgenden Tabelle wurden die bisherigen Verkaufszahlen festgehalten:

Datum	Zeitindex (t)	Verkaufte Ringe (in k)	Datum	Zeitindex (t)	Verkaufte Ringe (in k)
01/2024	1	2	01/2025	13	3
02/2024	2	4	02/2025	14	5
03/2024	3	16	03/2025	15	20
04/2024	4	38	04/2025	16	48
05/2024	5	110	05/2025	17	143
06/2024	6	190	06/2025	18	207
07/2024	7	250	07/2025	19	322
08/2024	8	240	08/2025	20	304
09/2024	9	130	09/2025	21	369
10/2024	10	11	10/2025	22	36
11/2024	11	4	11/2025	23	7
12/2024	12	3	12/2025	24	1

Zusätzlich zu der Tabelle sind folgende Werte für eine Regressionsfunktion gegeben:

a = 54,8
b = 3,8

Aufgabe 2

Prognostiziere die Verkaufswerte für folgende Monate:
- März 2026
- Juli 2026
- November 2026

6. Konzentrationsmaße
(Gini- und Herfindahl/Hirschmann-Koeffizient)

6.1 Gini-Koeffizient

Aufgabe 1

In der folgenden Tabelle wurde die Anzahl angemeldeter Patente verschiedener EU-Länder im Jahr 2023 festgehalten. Die Namen dieser Länder wurden hier durch Nummern ersetzt. Berechne mithilfe des Gini-Koeffizienten, wie gleichmäßig die Anzahl der angemeldeten Patente verteilt ist.

Land	1-6	7	8	9-10	11-14
Patente	780	540	222	787	1243

6.2 Herfindahl-Koeffizient

Aufgabe 1

Angenommen, es gibt einen Markt mit fünf Unternehmen, die jeweils einen bestimmten Marktanteil haben:

- Unternehmen A: 30%
- Unternehmen B: 25%
- Unternehmen C: 20%
- Unternehmen D: 15%
- Unternehmen E: 10%

Um den Grad der Marktkonzentration zu berechnen, verwenden wir den Herfindahl-Index.

7. Indexzahlen (Laspeyres Preisindex / Paasche Preisindex)

Aufgabe 1:

Die folgende Tabelle zeigt, wie sich die Preise für Lebensmittel von 2019 – 2021 aus Sicht eines Restaraunts entwickelt haben:

Jahr	2019		2021	
	Preis	Verbrauch	Preis	Verbrauch
Zwiebel	0,30 €	1270	0,50 €	1560
Steak	5,99 €	400	8,99 €	700
Kartoffel	0,40 €	700	0,70 €	1100

Berechnen Sie die Preisindizes nach Lip und Pip!

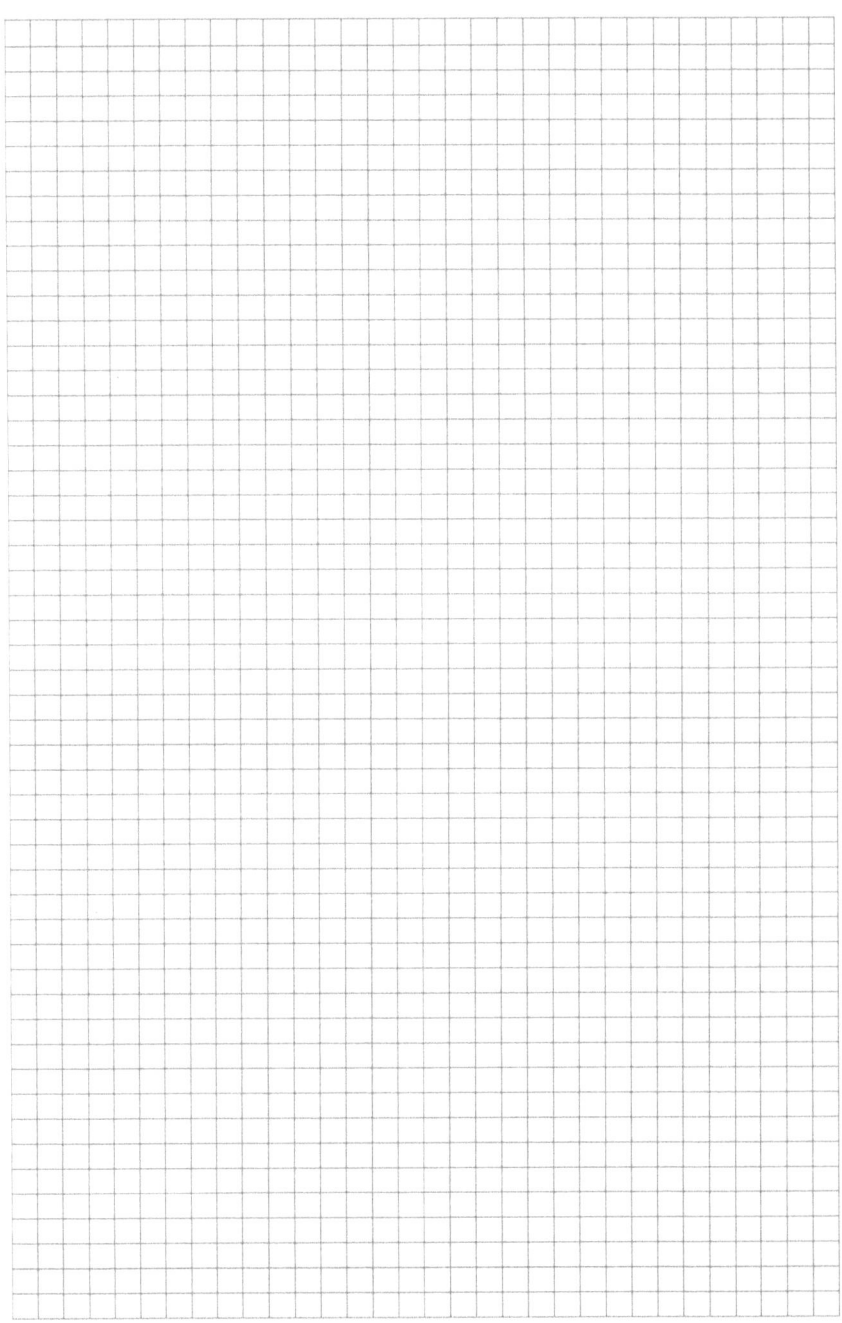

8. Stochastik

8.1 Baumdiagramm, 4-Felder-Tafel, Venn-Diagramm

Erklärung (Venn-Diagramm)

Mit dem Venn-Diagramm lassen sich Redundanzen in statistischen Sachverhalten auflösen. Von einer Redundanz spricht man, wenn ein gewisser Merkmalsträger aufgrund seiner Eigenschaften mehrfach genannt wird, obwohl er an sich nur einmalig vorkommt. Nehmen wir als Beispiel ein Osterei, dass Blau bemalt ist, aber auch gelbe Punkte hat. Damit würde es statistisch bei den Eiern mit gelben Punkten, bei den blauen Eiern und bei den Eiern mit beiden Merkmalen vermerkt werden und somit dreifach vorkommen. Um diese Dreifachnennung zu beheben und die statistischen Daten richtig darzustellen benutzen wir das Venn-Diagramm.

Im folgenden werden wir eine Aufgabe betrachten, anhand welcher wir die Auflösung durch das Venn Diagramm Schritt für Schritt veranschaulichen werden.

Osterhase Fritz hat seine produzierten Ostereier dokumentiert. 10 Ostereier sind rot und haben grüne Punkte. 20 Ostereier sind rot. 15 Ostereier haben grüne Punkte. Wie viele Ostereier hat Fritz insgesamt hergestellt.
Schritt 1:

Würden wir nun einfach alle genannten Eier zusammenzählen, würden wir auf einen zu hohen Wert kommen, da Ostereier hier doppelt genannt wurden. Deswegen stellen wir ein Venn Diagramm auf, in welches wir alle genannten Eier eintragen.

Schritt 1:

Würden wir nun einfach alle genannten Eier zusammenzählen, würden wir auf einen zu hohen Wert kommen, da Ostereier hier doppelt genannt wurden. Deswegen stellen wir ein Venn Diagramm auf, in welches wir alle genannten Eier eintragen.

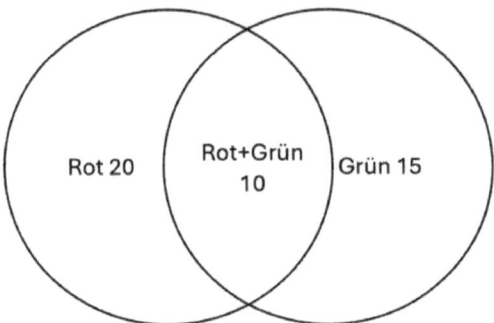

Schritt 2:

Im nächsten Schritt lösen wir die Redundanzen auf. Grundsätzlich fällt auf, dass die Merkmalsträger in der Mitte des Venn-Diagramms auch in den beiden Hauptkreisen vorkommen. Um nun also auf die eigentliche Anzahl zu kommen, müssen wir einfach den mittleren Wert von den äußeren Werten abziehen. So entfernen wir alle Doppelnennungen.

Wir rechnen: Rot – Rot-Grün, also 20-10=10 und Grün- Rot-Grün, also 15-10=5

Damit kommen wir auf folgendes Venn-Diagramm.

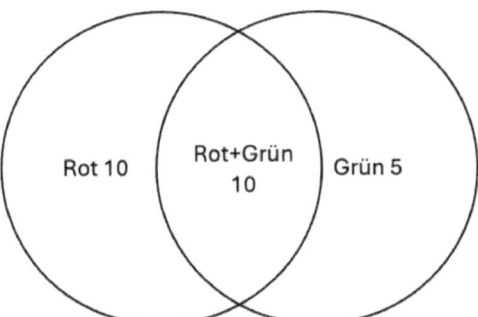

Schritt 3:

Im letzten Schritt müssen wir nur noch alle Werte im Venn-Diagramm zusammenzählen, um auf N zu kommen. Also 10 + 10 + 5 = 25. Damit haben wir herausgefunden, dass N = 25 ist.

8. Stochastik

8.1 Baumdiagramm, 4-Felder-Tafel, Venn-Diagramm

Aufgabe 1 (Venn-Diagramm)

Ein Burgerladen will seine Bestellungen auswerten: Am heutigen Tag waren 150 Kunden zu Besuch. 60 Kunden bestellten Burger. 71 Kunden bestellten Hot Dogs. 35 Kunden bestellten Pommes. 24 Kunden bestellten Burger und Pommes. 11 Kunden bestellten Burger, Pommes und Hotdogs. 34 Kunden bestellten Hot Dogs und Burger. 21 Kunden bestellten Hot Dogs und Pommes.

a) Ermittle anhand eines Venn-Diagramms, wie viele Kunden gar nichts bestellten.

b) Erkläre, welches Skalenniveau für die statistische Darstellung dieses Sachverhalts passend wäre.

c) Wie hoch ist die Wahrscheinlichkeit, einen Kunden zu wählen der Hot Dogs bestellt, wenn man einen beliebigen Kunden aus dem oberen Sachverhalt zu seiner Bestellung befragen würde?

Aufgabe 2 (Venn-Diagramm)

Ein Klamottenhändler dokumentiert die Einkäufe eines Tages. Insgesamt waren 150 in seinem Geschäft. 40 Kunden haben Pullover eingekauft. 40 Kunden haben Hosen eingekauft. 55 Kunden haben Schuhe gekauft. Genau 25 Kunden haben Hosen und Schuhe eingekauft. 15 Kunden haben Schuhe und Pullover eingekauft. 18 Kunden haben Pullover und Hosen gekauft. 7 Kunden haben alle drei Produkttypen erworben.

Wie viele Kunden haben den Laden verlassen, ohne etwas zu kaufen?

8. Stochastik

8.1 Baumdiagramm, 4-Felder-Tafel, Venn-Diagramm

Erklärung (4-Felder-Tafel)

Durch Vier-Felder-Tafeln lassen sich fehlende statistische Informationen erschließen. Sind gewisse Daten gegeben, die Lücken lassen, kann man diese in eine solche Tafel eintragen und die Lücken schließen. Wie genau das funktioniert werden wir nun anhand eines Beispiels veranschaulichen.

Gärtnerin Gabi hat 20 verschiedene Beete in einem großen Garten, die sie entweder mit Rosen oder Tulpen bepflanzt. Außerdem verwendet sie in den Beeten entweder Rindenmulch oder Erde. In 5 Beeten wachsen Rosen. In 7 Beeten verwendet sie Rindenmulch. In 10 Beeten mit Erde pflanzt sie Tulpen an. Vervollständige alle relevanten Informationen zu diesem Sachverhalt!

Schritt 1:

Als erstes identifizieren den Merkmalsträger und alle relevanten Merkmale. In diesem Fall ist der Merkmalsträger das Beet. Die Merkmale sind Rose, Tulpe, Rindenmulch und Erde. Jetzt müssen wir die Merkmale so einordnen, dass wir eine sinnvolle Vier-Felder-Tafel aufstellen können.
Hierzu müssen wir herausfinden, welche Merkmale in Kombination und welche gesondert auftreten. Es kann zum Beispiel Beete mit Rosen und Erde geben, aber keine Beete mit Rosen und Tulpen. Rosen und Tulpen bzw. Rindenmulch und Erde können nicht gemeinsam auftreten.
Es können also nur die Ereignisse Erde (E), keine Erde / Rindenmulch ($\bar{E}$) und Rosen (R)oder keine Rosen / Tulpen ($\bar{R}$) auftreten.

Schritt 2:

Nun stellen wir die 4-Felder Tafel auf. Wichtig ist zu beachten, dass Merkmale, die nicht gemeinsam auftreten können, in die selbe Zeile bzw. Spalte eingetragen werden müssen, damit zwischen ihnen keine Überschneidungen entstehen. Die fertige Tafel sollte so aussehen:

	Rosen (R)	Tulpen ($\bar{R}$)	Σ
Erde (E)			
Rindenmulch ($\bar{E}$)			
Σ			

Schritt 3:

Im nächsten Schritt tragen wir jene Merkmale ein, zu denen uns in der Aufgabenstellung die Anzahl gegeben wurde.

	Rosen (R)	Tulpen ($\bar{R}$)	Σ
Erde (E)			7
Rindenmulch ($\bar{E}$)		10	
Σ	5		20

Schritt 4:

In diesem letzten Schritt müssen wir die Vierfeldertafel nur noch vervollständigen. Um dies effektiv durchzuführen muss man den Aufbau der Tabelle verstehen. Im Feld unten rechts ist die Summe aller Merkmalsträger vermerkt. Wir müssen nun nur die Werte vervollständigen, die man benötigt um mit den restlichen gegebenen Werten auf diese Summe zu kommen. Die vervollständigte Tabelle sieht dann so aus:

	Rosen (R)	Tulpen ($\bar{R}$)	Σ
Erde (E)	2	5	7
Rindenmulch ($\bar{E}$)	3	10	13
Σ	5	15	20

Mit dem Vervollständigen der Tabelle haben wir alle fehlenden Daten herausgefunden und die Aufgabe somit erfolgreich gelöst.

8. Stochastik

8.1 Baumdiagramm, 4-Felder-Tafel, Venn-Diagramm

Aufgabe 3 (4-Felder-Tafel)

Bilde eine vollständige Vierfeldertafel zu folgendem Sachverhalt:

In einem Hühnerstall befinden sich 18 Hennen. 12 Hennen legen braune Eier.
Der Rest legt weiße Eier. Fünf Hennen sind braun und legen braune Eier. Neun
Hennen sind weiß.

Aufgabe 4 (4–Felder-Tafel)

Ein Burgerbrater ist durcheinander: Insgesamt hat er 50 Burgerbestellungen zu
bearbeiten. Er weiß, dass 60% der Burger mit Käse sind, der Rest ist ohne Käse.
75% der Burger mit Käse sollen außerdem mit Bacon belegt sein. Insgesamt sollen
55% der Burger mit Bacon sein.
Verschaffe dem Burgerbrater durch eine Vierfeldertafel Klarheit.
Gestalte diese sowohl relativ als auch absolut.

8. Stochastik

8.1 Baumdiagramm, 4-Felder-Tafel, Venn-Diagramm

Aufgabe 5 (Baumdiagramm)

Eine Münze wird 4 mal geworfen.

Bestimme mithilfe eines Baumdiagramms die Wahrscheinlichkeiten für folgende Ereignisse:

a) Zahl, Kopf, Kopf, Zahl
b) Zahl, Zahl, Zahl, Zahl
c) Mindestens 2 mal Zahl

Aufgabe 6 (Baumdiagramm)

Aus einem Kartenstapel mit 8 Karten wird ohne zurücklegen gezogen. Die fünf Karten sind mit A,A,C,D,E,F,G,G beschriftet. Insgesamt wird 4 mal gezogen.

Berechne die Wahrscheinlichkeiten für folgende Ziehfolgen:

a) B,C,E,F
b) G,G,A,A
c) F,C,D,E

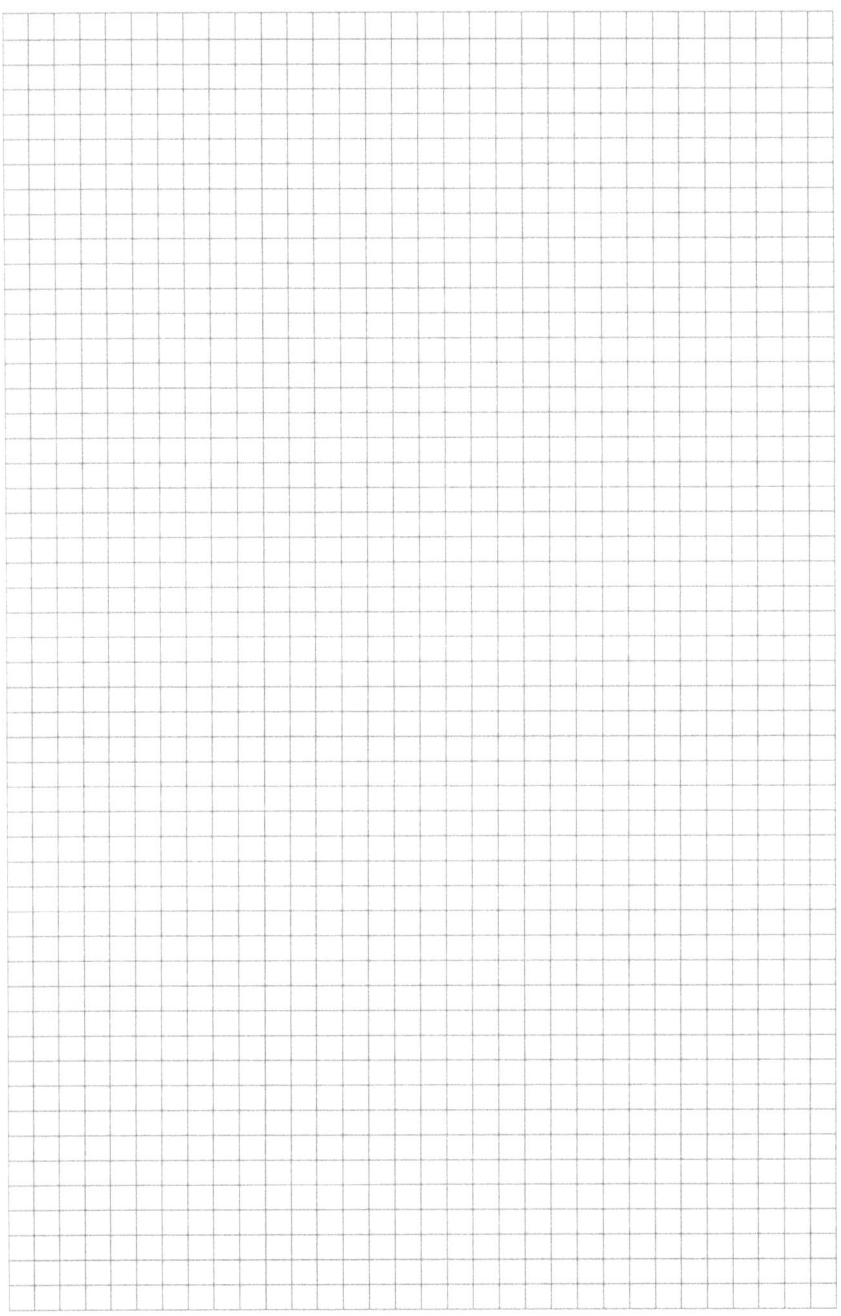

8. Stochastik

8.2 Bernoulli, Wahrscheinlichkeits- und Verteilungsfunktion (stetig/ diskret)

Erklärung (Bernoulli)

Mit der Bernoulli Formel lässt sich berechnen, wie wahrscheinlich eine gewisse Menge an Treffern bei einer gegebenen Menge von Versuchen ist. Hier ist jedoch zu beachten, dass dies nur bei Grundmengen funktioniert, die sich nicht verändern. Also zum Beispiel bei einem Kartenstapel, auf welchen man die gezogene Karten zurücklegt.

Wie man diese Bernoulli Rechnungen durchführt wird anhand einer Beispielaufgabe erklärt.

Tina ist auf einem Basketballturnier. Man hat dort 10 Versuche, einen Korb zu treffen. Bei 7 Treffern gibt es einen tollen Preis, den Tina gewinnen will. Sie hat in der Vergangenheit schon geübt und schätzt, dass ihre Trefferwahrscheinlichkeit bei etwa 60% liegt. Wie hoch ist die Wahrscheinlichkeit, dass Tina den Preis gewinnt?

Schritt 1:
Im ersten Schritt identifizieren wir alle Daten, die wir zum Berechnen der Wahrscheinlichkeit brauchen. Gegeben ist hier die Anzahl der Versuche (n), welche bei 10 liegt. Also ist n = 10. Die Anzahl der Treffer (k) liegt hier bei 7, also k=7. Die Trefferwahrscheinlichkeit (p) liegt bei 60%, also p=0,6.

Schritt 2:
Im nächsten Schritt setzen wir diese ermittelten Werte in die Bernoulli Formel ein. Diese sieht so aus:

$$P\ X = k\ = (n \text{ über } k) \cdot\ p^k\ \cdot\ 1 - p\ ^{n-k}$$

Der Ausdruck p über k lässt sich am Taschenrechner durch Shift + geteilt eingeben. In diesem Fall erscheint ein C, was zwischen n und k gesetzt werden muss.

Nun werden die Werte eingesetzt:

$$P\ X = k\ = (10 \text{ über } 7) \cdot\ 0{,}6^7\ \cdot\ 1 - 0{,}6\ ^{10-7} = 0{,}215$$

Die Wahrscheinlichkeit, dass Tina den Preis gewinnt, liegt also bei 21,5 %.

8. Stochastik

8.2 Bernoulli, Wahrscheinlichkeits- und Verteilungsfunktion (stetig/ diskret)

Aufgabe 1 (W-/V-Funktion)

Für ein Brettspiel wird ein sechsseitiger Würfel mit den Zahlen 1-6 verwendet.

a) Gebe die Wahrscheinlichkeitsverteilung an.

b) Gebe die Wahrscheinlichkeits- und Verteilungsfunktion an.

c) Berechne die Wahrscheinlichkeit, drei mal hintereinander 3 zu würfeln.

d) Berechne die Wahrscheinlichkeit, drei mal hintereinander dieselbe Zahl bei Zahlen von 1-3 zu würfeln.

Aufgabe 2 (Bernoulli)

Eine Urne enthält 7 schwarze, 4 rote und 8 weiße Kugeln. Es wird 8 mal mit zürücklegen gezogen. Berechne mithilfe der Bernoulli-Formel, wie hoch die Wahrscheinlichkeit für folgende Ereignisse ist:

1) 5 schwarze Kugeln werden gezogen.

2) 3 schwarze Kugeln und 2 rote Kugeln werden gezogen

3) 1 weiße Kugel, 1 rote Kugel, 2 schwarze Kugeln werden gezogen.

Aufgabe 3 (Bernoulli)

Ein Weingut in Kallstadt lagert besonders alte Weine ein. Man geht davon aus, dass ca. 17% der Weine aufgrund ihres Alters nicht mehr genießbar sind.
Nach jedem Arbeitstag füllt der Kellermeister die verkauften Flaschen aus dem Verkaufsraum auf, indem er sie aus dem unendlichen Hauptlager holt.

a) Kellermeister Hans verbraucht jeden Tag eine Flasche für eine Weinprobe. Wie hoch ist die Wahrscheinlichkeit, dass nach 8 Tagen, 3 davon ungenießbar waren?

b) Ein Mitarbeiter entwendet jeden Tag nach seiner Arbeitszeit eine Flasche Wein aus dem Verkaufsraum, um sich den Abend zu versüßen.
Als Hans nach 30 Tagen auf den Überwachungskameras sieht, dass der Mitarbeiter diese klaut, entlässt er ihn und hofft, dass mindestens die Hälfte verdorben war. Wie hoch ist die Wahrscheinlichkeit dafür?

9. Normalverteilung

9.1 Standard-Normalverteilung

Aufgabe 1

Berechnen Sie die Wahrscheinlichkeit, dass eine Zufallsvariable aus der Standardnormalverteilung einen Wert zwischen -1 und 1 annimmt.

Aufgabe 2

Berechnen Sie die Wahrscheinlichkeit, dass eine Zufallsvariable aus der Standardnormalverteilung einen Wert kleiner als -2 annimmt.

Aufgabe 3

Bestimmen Sie den Wert x, für den die Wahrscheinlichkeit $P(X < x) = 0{,}95$ beträgt.

Aufgabe 4

Bestimmen Sie den Flächenanteil der Standardnormalverteilung, der oberhalb des Wertes 0,8 liegt.

9. Normalverteilung

9.2 Normalverteilung

Aufgabe 1

f = N (100; 15)

Die IQ-Werte der Bevölkerung sind normalverteilt mit einem Mittelwert von 100 und einer Standardabweichung von 15. Wie hoch ist der IQ-Wert, der von 95 % der Bevölkerung übertroffen wird?

Aufgabe 2

f = N (20; 0,2)

Der Fertigungsleiter möchte wissen, wie groß die Wahrscheinlichkeit ist, dass die gefertigten Teile innerhalb der Toleranz von 19 bis 21 cm liegen.

Aufgabe 3

f = N (5; 0,1)

Eine Fabrik produziert Schrauben, deren Länge normalverteilt mit einem Mittelwert von 5 cm und einer Standardabweichung von 0,1 cm ist. Welcher Anteil der Schrauben ist länger als 5,1 cm?

Aufgabe 4

f = N (70; 10)

Die Ergebnisse einer Prüfung sind normalverteilt mit einem Mittelwert von 70 von 120 Punkten und einer Standardabweichung von 10 Punkten. Wieviel Prozent der Punkte muss man erreichen, um die besten 25 % zu erreichen?

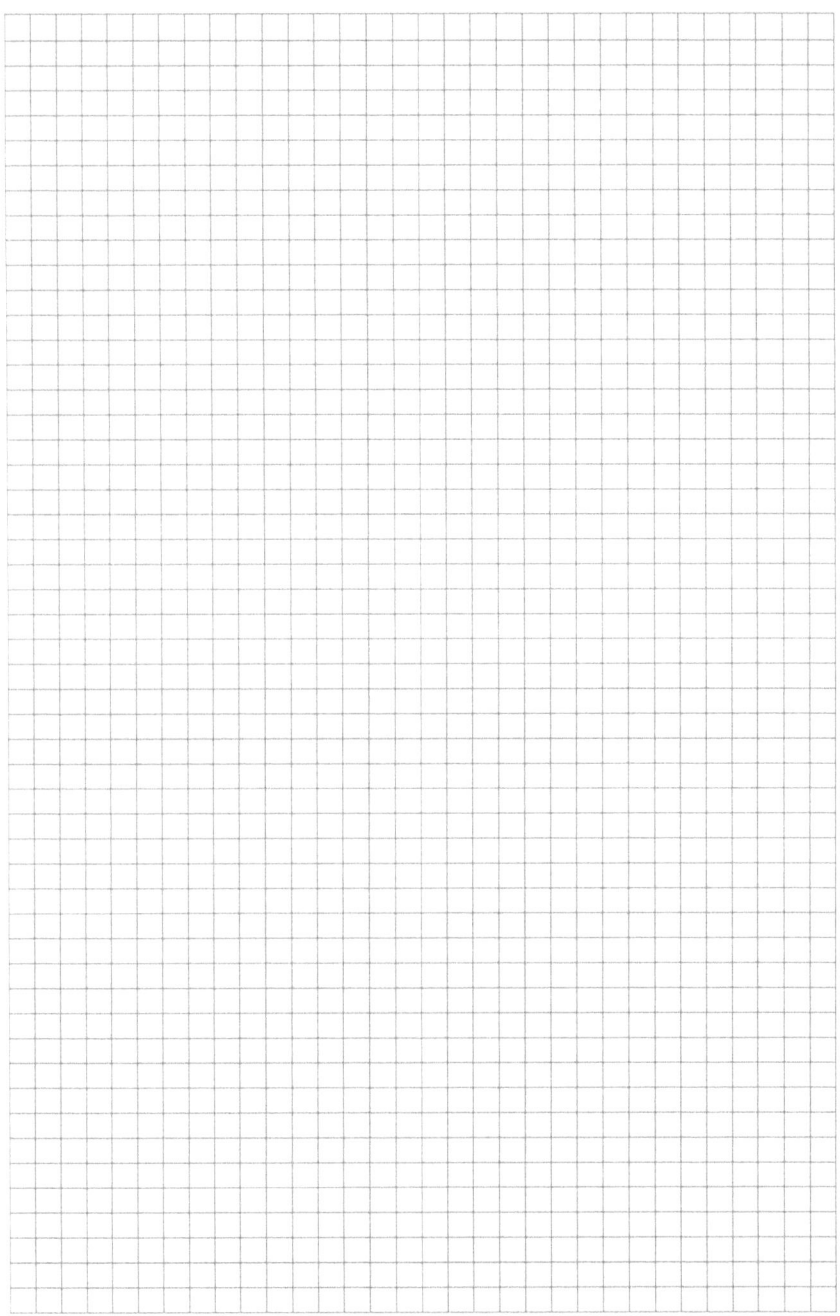

9. Normalverteilung

9.2 Normalverteilung

Aufgabe 5

Die Autos in einer Dreißigerzone fahren im Durchschnitt 29 km/h mit einer Standardabweichung von 5 km/h.
a) Wie groß ist die Wahrscheinlichkeit, dass ein Auto mit 40 km/h und b) mit mehr als 40km/h durch die Dreißigerzone fährt?

Aufgabe 6

Der durchschnittliche Student gibt 35€ in der Woche aus. Die Varianz beträgt 12€. Wieviel € geben die oberen 10% aus?

Aufgabe 7

In einer Stadt beträgt die durchschnittliche Niederschlagsmenge im Monat Mai 40 mm mit einer Standardabweichung von 10 mm. Wie groß ist die Wahrscheinlichkeit, dass im Mai weniger als 25 mm Niederschlag fallen?

Aufgabe 8

Eine Firma produziert Glühbirnen, deren Lebensdauer normalverteilt mit einem Mittelwert von 1000 Stunden und einer Standardabweichung von 150 Stunden ist. Wie hoch ist der Anteil der Glühbirnen, die länger als 1200 Stunden halten?

10.   Testverfahren

10.1 Gaußtest

Aufgabe 1

Annahme, dass die durchschnittliche Zeit, die Studenten für die Vorbereitung auf einen Test benötigen, 90 Minuten beträgt. Ein Tutor glaubt jedoch, dass die tatsächliche durchschnittliche Vorbereitungszeit höher ist. Um diese Hypothese zu überprüfen, führt der Tutor einen Hypothesentest durch.

Um die Hypothese zu testen, wählt der Tutor eine Stichprobe von 30 zufällig ausgewählten Studenten und misst ihre durchschnittliche Vorbereitungszeit. Die Stichprobe ergibt einen Durchschnitt von 95 Minuten, mit einer Standardabweichung von 12 Minuten.
$\sigma = 9$

Aufgabe 2

Annahme, dass ein Autohersteller behauptet, dass der durchschnittliche Kraftstoffverbrauch ihres neuen Modells 5 Liter pro 100 Kilometer beträgt. Ein Verbraucherbericht möchte diese Behauptung überprüfen und führt einen zweiseitigen Stichprobentest durch.

Um die Hypothese zu testen, wählt der Verbraucherbericht eine Stichprobe von 50 zufällig ausgewählten Autos des neuen Modells und misst ihren tatsächlichen Kraftstoffverbrauch. Die Stichprobe ergibt einen Durchschnitt von 5,2 Liter pro 100 Kilometer, mit einer Standardabweichung von 0,8 Litern.
$\sigma = 0,6$

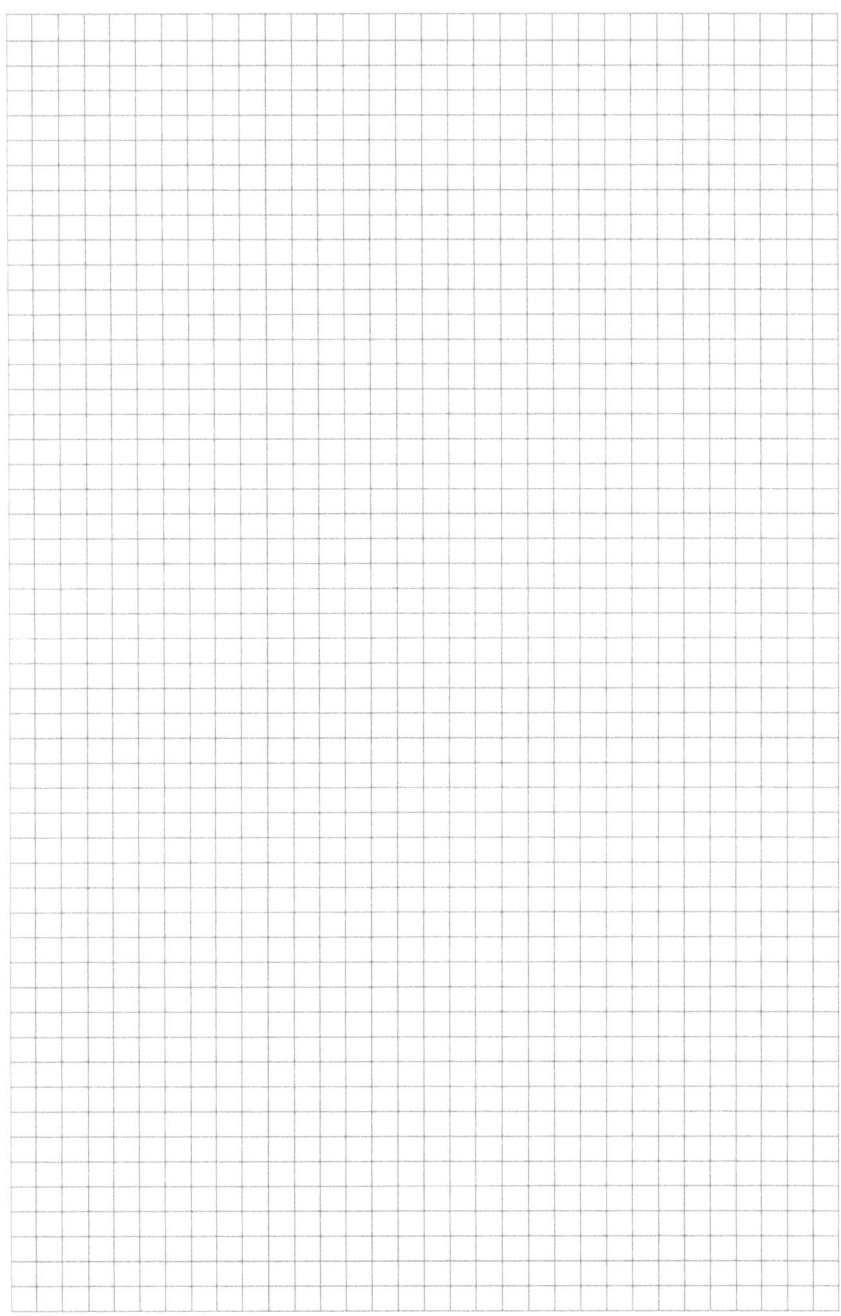

10.   Testverfahren

10.2 T-Test

Aufgabe 1

Ein Unternehmen produziert Schrauben, welche 55 mm lang sind. Die produzierten Schrauben dürfen maximal 2 mm von diesem Wert abweichen.

Eine Stichprobe aus der Produktion gibt folgende Schraubenlängen:
56 mm, 57 mm, 54.5mm, 53mm, 58mm, 56.5mm, 55mm

a) Stelle sinnvolle Hypothesen auf.

b) Bestätige eine der Hypothesen durch statistisches Testen.

Aufgabe 2

Ein Unternehmen behauptet, dass die durchschnittliche Batterielaufzeit ihres Produkts 10 Stunden beträgt. Ein Verbraucherbericht zweifelt jedoch an dieser Behauptung und vermutet, dass die tatsächliche durchschnittliche Batterielaufzeit darunter liegt.

Um die Hypothese zu testen, führt der Verbraucherbericht einen t-Test durch. Eine Stichprobe von 25 Produkten wird zufällig ausgewählt und die Batterielaufzeit jedes Produkts gemessen. Die Stichprobe ergibt einen Durchschnitt von 9,4 Stunden und eine Standardabweichung von 1,2 Stunden.
Um wirklich sicherzugehen,wird ein Signifikanzlevel von 1 gewählt.

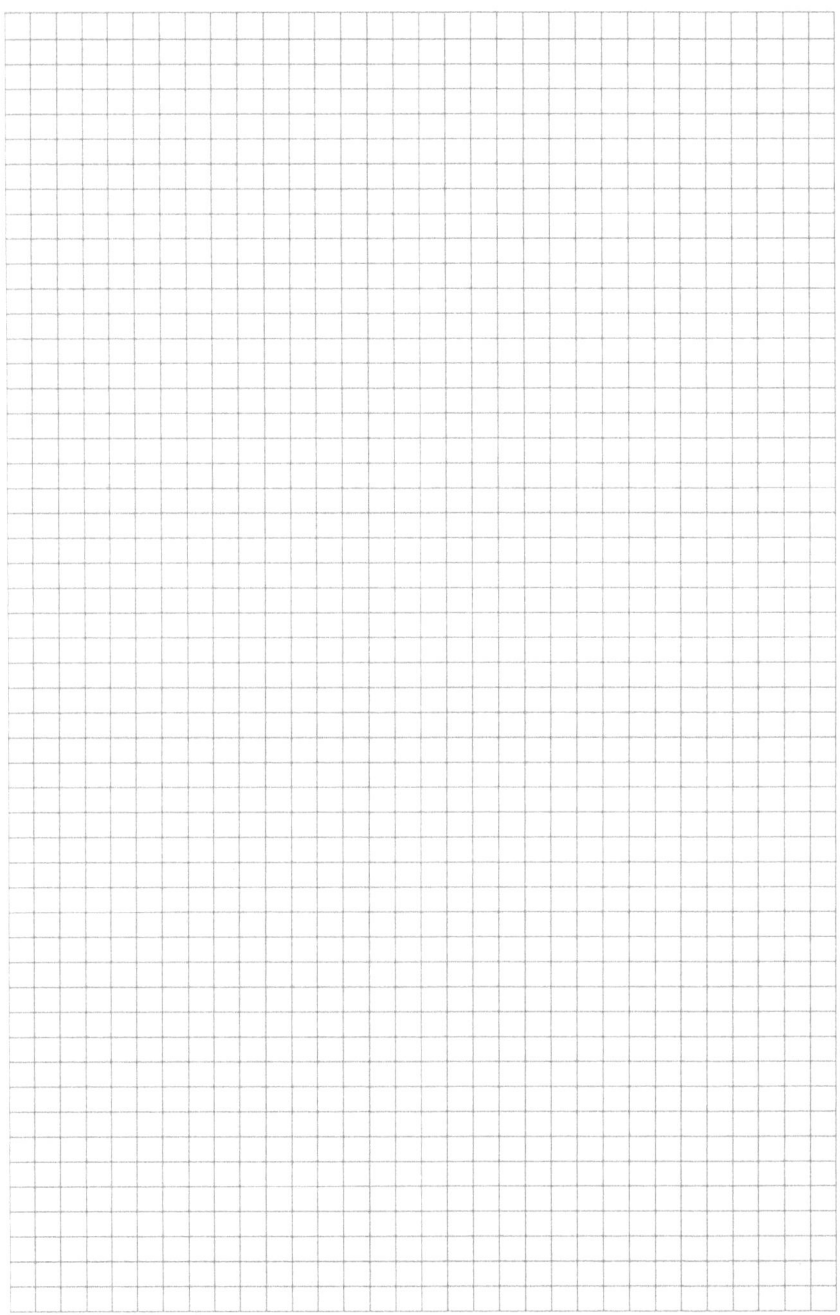

10. Testverfahren

10.3 Chi²-Test

Erklärung:
Mit dem Chi-Quadrat-Test lassen sich Zusammenhänge zwischen nominalen Merkmalen ermitteln. Also zum Beispiel, ob braune Hühner eher braune Eier legen. Anhand folgender Aufgabe werden wir die Durchführung eines Chi-Quadrat-Tests erläutern.

Tom will überprüfen, ob ein Zusammenhang zwischen dem Besuchen des Statistik Tutoriums und dem Bestehen der Statistik Klausur besteht. Ihm steht folgende Tabelle zur Verfügung.

Klausur Tutorium	Statistik bestanden	Statistik durchgefallen
Tutorium absolviert	15	1
Tutorium versäumt	8	14

Schritt 1:

Als erstes müssen bei der Tabelle die Gesamtmenge der Merkmalsträger sowie die Randverteilungen ermittelt werden.

Klausur Tutorium	Statistik bestanden	Statistik durchgefallen	Σ
Tutorium absolviert	15	1	16
Tutorium versäumt	8	14	22
Σ	23	15	38

Schritt 2:

Im nächsten Schritt müssen die erwarteten Häufigkeiten ermittelt werden. Dies sind die Häufigkeiten, die auftreten würden, wenn die Merkmale komplett gleich verteilt wären und kein Zusammenhang bestünde. Der Chi-Quadrat-Test ermittelt im Grunde nämlich, wie weit die Merkmale von einer Normalverteilung abweichen. Um die erwarteten Häufigkeiten zu erhalten, multipliziert man die Randverteilungen miteinander und teilt durch N.

Erwartete Häufigkeiten:

Klausur Tutorium	Statistik bestanden	Statistik durchgefallen	Σ
Tutorium absolviert	9,7	6,3	16
Tutorium versäumt	13,3	8,7	22
Σ	23	15	38

Schritt 3:

Sind die erwarteten Häufigkeiten berechnet, gilt es, die Abweichung der beobachteten Werte von diesen eben ausgerechneten Werten zu berechnen, also den X2 Wert. Dafür werden die beobachteten Häufigkeiten von den erwarteten Häufigkeiten abgezogen und quadriert. Anschließend wird durch die erwartete Häufigkeit geteilt. Zu guter letzt werden diese Werte aufsummiert. Wie dies funktioniert wird im folgenden veranschaulicht.

$\dots = 12{,}695$

Schritt 4:

Jetzt müssen nurnoch die Freiheitsgrade berechnet und das Konfidenzintervall festgelegt werden. Die Freiheitsgrade berechnen sich, indem man die Spaltenanzahl − 1 mit der Zeilenanzahl − 1 multipliziert. In diesem Fall wäre das:

$(2-1)*(2-1) = 1$

Das Konfidenzintervall ist normalerweise angegeben, jedoch geht man in der Regel von 0,95 aus, wenn es nicht anders festgelegt wurde.

Schritt 5:

In diesem Schritt müssen wir den passenden Wert aus der Chi-Quadrat-Tabelle ablesen. Hier müssen wir uns an den Freiheitsgraden und dem Konfidenzintervall orientieren. Der abgelesene Wert liegt bei 0,004.

Schritt 6:

Im letzten Schritt vergleichen wir den Wert aus der Tabelle mit dem Chi-Quadrat-Wert, den wir berechnet haben.

In diesem Fall ist 12,695 > 0,004.

Damit kann man mit hoher Sicherheit annehmen, dass ein Zusammenhang besteht.

10. Testverfahren

10.3 Chi²-Test

Aufgabe 1:

Ein Klamottenverkäufer will herausfinden, ob Menschen ein Zusammenhang zwischen der Kleidungsgröße und der Wahl der Farbe besteht. Er bietet die Größen S, M und L sowie die Farben Rot, Grün und Gelb an. Mit folgender Tafel hat er die heutigen Käufe nach Größe und Farbe sortiert:

Farbe Größe	Grün	Rot	Gelb
S	12	10	18
M	18	12	11
L	7	22	3

Berechne mithilfe des Chi² Tests, ob ein Zusammenhang zwischen Größe und Farbe besteht.

10. Testverfahren

10.3 Chi²-Test

Aufgabe 2:

Ein Autohersteller will überprüfen, ob es bei den Kunden einen Zusammenhang zwischen erworbenem Modell und der Farbe des Autos gibt. So kann er besser planen, welche Farben er für seine Produktion in welcher Menge bestellen muss. Er wählt ein Konfidenzintervall von 0,95.
In folgender Tabelle hat er die bisherigen Käufe dokumentiert:

Modell Farbe	Coupe	SUV	Σ
Grün	10	30	40
Weiß	21	4	25
Schwarz	19	16	35
Σ	50	50	100

10. Testverfahren

10.4 Zwei-Stichproben t-Test

Aufgabe 1

Ein Unternehmen hat eine neue Version seines Produkts entwickelt und behauptet, dass die durchschnittliche Ladezeit für die neue Version kürzer ist als die für die alte Version. Um diese Behauptung zu überprüfen, führt ein unabhängiger Tester einen Zwei-Stichproben t-Test durch.

Um die Hypothese zu testen, werden zwei Stichproben durchgeführt: eine für die neue Version und eine für die alte Version des Produkts. Jede Stichprobe umfasst 20 zufällig ausgewählte Produkte.

Stichprobe der neuen Version: Durchschnittliche Ladezeit = 35 Minuten

Stichprobe der alten Version: Durchschnittliche Ladezeit = 37 Minuten

Standardabweichung = 5 Minuten

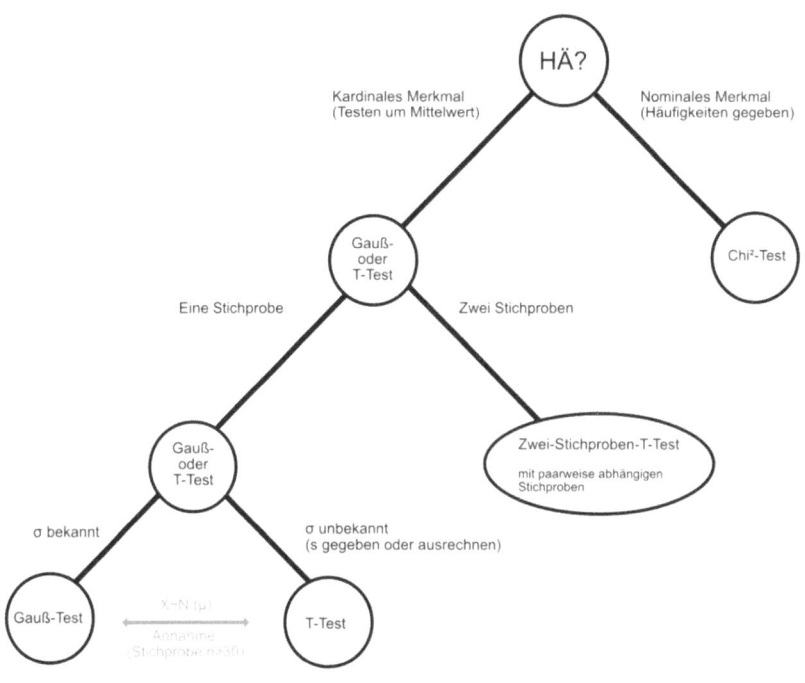

Quantile der x²-Verteilung					1-α					
n\	.005	0,01	.025	0,05	0,1	0,9	0,95	0,975	0,99	0,995
1	0,00004	0,00016	0,00098	0,00390	0,01580	2,71000	3,84000	5,02000	6,63000	7,88000
2	0,01000	0,02010	0,05060	0,10260	0,21070	4,61000	5,99000	7,38000	9,21000	10,60000
3	0,07170	0,11500	0,21600	0,35200	0,58400	6,25000	7,81000	9,35000	11,34000	12,84000
4	0,20700	0,29700	0,48400	0,71100	1,06400	7,78000	9,49000	11,14000	13,28000	14,86000
5	0,41200	0,55400	0,83100	1,15000	1,61000	9,24000	11,07000	12,83000	15,09000	16,75000
6	0,67600	0,87200	1,24000	1,64000	2,20000	10,64000	12,59000	14,45000	16,81000	18,55000
7	0,98900	1,24000	1,69000	2,17000	2,83000	12,02000	14,07000	16,01000	18,48000	20,28000
8	1,34000	1,65000	2,18000	2,73000	3,49000	13,36000	15,51000	17,53000	20,09000	21,96000
9	1,73000	2,09000	2,70000	3,33000	4,17000	14,68000	16,92000	19,02000	21,67000	23,59000
10	2,16000	2,56000	3,25000	3,94000	4,87000	15,99000	18,31000	20,48000	23,21000	25,19000
11	2,60000	3,05000	3,82000	4,57000	5,58000	17,28000	19,68000	21,92000	24,73000	26,76000
12	3,07000	3,57000	4,40000	5,23000	6,30000	18,55000	21,03000	23,34000	26,22000	28,30000
13	3,57000	4,11000	5,01000	5,89000	7,04000	19,81000	22,36000	24,74000	27,69000	29,82000
14	4,07000	4,66000	5,63000	6,57000	7,79000	21,06000	23,68000	26,12000	29,14000	31,32000
15	4,60000	5,23000	6,26000	7,26000	8,55000	22,31000	25,00000	27,49000	30,58000	32,80000
16	5,14000	5,81000	6,91000	7,96000	9,31000	23,54000	26,30000	28,85000	32,00000	34,27000
18	6,26000	7,01000	8,23000	9,39000	10,86000	25,99000	28,87000	31,53000	34,81000	37,16000
20	7,43000	8,26000	9,59000	10,85000	12,44000	28,41000	31,41000	34,17000	37,57000	40,00000
24	9,89000	10,86000	12,40000	13,85000	15,66000	33,20000	36,42000	39,36000	42,98000	45,56000
30	13,79000	14,95000	16,79000	18,49000	20,60000	40,26000	43,77000	46,98000	50,89000	53,67000
40	20,71000	22,16000	24,43000	26,51000	29,05000	51,81000	55,76000	59,34000	63,69000	66,77000
60	35,53000	37,48000	40,48000	43,19000	46,46000	74,40000	79,08000	83,30000	88,38000	91,95000
120	83,85000	86,92000	91,58000	95,70000	100,62000	140,23000	146,57000	152,21000	158,95000	163,64000

Standard-Normal-verteilung					1-α					
z	0	1	2	3	4	5	6	7	8	9
0	0,500000	0,503989	0,507978	0,511967	0,515953	0,519939	0,523922	0,527903	0,531881	0,535856
0,1	0,539828	0,543795	0,547758	0,551717	0,555670	0,559618	0,563559	0,567495	0,571424	0,575345
0,2	0,579260	0,583166	0,587064	0,590954	0,594835	0,598706	0,602568	0,606420	0,610261	0,614092
0,3	0,617911	0,621719	0,625516	0,629300	0,633072	0,636831	0,640576	0,644309	0,648027	0,651732
0,4	0,655422	0,659097	0,662757	0,666402	0,670031	0,673645	0,677242	0,680822	0,684386	0,687933
0,5	0,691462	0,694974	0,698468	0,701944	0,705402	0,708840	0,712260	0,715661	0,719043	0,722405
0,6	0,725747	0,729069	0,732371	0,735653	0,738914	0,742154	0,745373	0,748571	0,751748	0,754903
0,7	0,758036	0,761148	0,764238	0,767305	0,770350	0,773373	0,776373	0,779350	0,782305	0,785236
0,8	0,788145	0,791030	0,793892	0,796731	0,799546	0,802338	0,805106	0,807850	0,810570	0,813267
0,9	0,815940	0,818589	0,821214	0,823814	0,826391	0,828944	0,831472	0,833977	0,836457	0,838913
1,0	0,841345	0,843752	0,846136	0,848495	0,850830	0,853141	0,855428	0,857690	0,859929	0,862143
1,1	0,864334	0,866500	0,868643	0,870762	0,872857	0,874928	0,876976	0,878999	0,881000	0,882977
1,2	0,884930	0,886860	0,888767	0,890651	0,892512	0,894350	0,896165	0,897958	0,899727	0,901475
1,3	0,903199	0,904902	0,906582	0,908241	0,909877	0,911492	0,913085	0,914656	0,916207	0,917736
1,4	0,919243	0,920730	0,922196	0,923641	0,925066	0,926471	0,927855	0,929219	0,930563	0,931888
1,5	0,933193	0,934478	0,935744	0,936992	0,938220	0,939429	0,940620	0,941792	0,942947	0,944083
1,6	0,945201	0,946301	0,947384	0,948449	0,949497	0,950529	0,951543	0,952540	0,953521	0,954486
1,7	0,955435	0,956367	0,957284	0,958185	0,959071	0,959941	0,960796	0,961636	0,962462	0,963273
1,8	0,964070	0,964852	0,965621	0,966375	0,967116	0,967843	0,968557	0,969258	0,969946	0,970621
1,9	0,971284	0,971933	0,972571	0,973197	0,973810	0,974412	0,975002	0,975581	0,976148	0,976705
2,0	0,977250	0,977784	0,978308	0,978822	0,979325	0,979818	0,980301	0,980774	0,981237	0,981691
2,1	0,982136	0,982571	0,982997	0,983414	0,983823	0,984222	0,984614	0,984997	0,985371	0,985738
2,2	0,986097	0,986447	0,986791	0,987126	0,987455	0,987776	0,988089	0,988396	0,988696	0,988989
2,3	0,989276	0,989556	0,989830	0,990097	0,990358	0,990613	0,990863	0,991106	0,991344	0,991576
2,4	0,991802	0,992024	0,992240	0,992451	0,992656	0,992857	0,993053	0,993244	0,993431	0,993613
2,5	0,993790	0,993963	0,994132	0,994297	0,994457	0,994614	0,994766	0,994915	0,995060	0,995201
2,6	0,995339	0,995473	0,995603	0,995731	0,995855	0,995975	0,996093	0,996207	0,996319	0,996427
2,7	0,996533	0,996636	0,996736	0,996833	0,996928	0,997020	0,997110	0,997197	0,997282	0,997365
2,8	0,997445	0,997523	0,997599	0,997673	0,997744	0,997814	0,997882	0,997948	0,998012	0,998074
2,9	0,998134	0,998193	0,998250	0,998305	0,998359	0,998411	0,998462	0,998511	0,998559	0,998605
3,0	0,998650	0,998694	0,998736	0,998777	0,998817	0,998856	0,998893	0,998930	0,998965	0,998999
3,5	0,999767	0,999776	0,999784	0,999792	0,999800	0,999807	0,999815	0,999821	0,999828	0,999835
4,0	0,999968	0,999970	0,999971	0,999972	0,999973	0,999974	0,999975	0,999976	0,999977	0,999978

t-Verteilung					1-α					
df	0,65	0,7	0,75	0,8	0,85	0,9	0,95	0,975	0,99	0,995
1	0,510	0,727	1,000	1,376	1,963	3,078	6,314	12,706	31,821	63,656
2	0,445	0,617	0,816	1,061	1,386	1,886	2,920	4,303	6,965	9,925
3	0,424	0,584	0,765	0,978	1,250	1,638	2,353	3,182	4,541	5,841
4	0,414	0,569	0,741	0,941	1,190	1,533	2,132	2,776	3,747	4,604
5	0,408	0,559	0,727	0,920	1,156	1,476	2,015	2,571	3,365	4,032
6	0,404	0,553	0,718	0,906	1,134	1,440	1,943	2,447	3,143	3,707
7	0,402	0,549	0,711	0,896	1,119	1,415	1,895	2,365	2,998	3,499
8	0,399	0,546	0,706	0,889	1,108	1,397	1,860	2,306	2,896	3,355
9	0,398	0,543	0,703	0,883	1,100	1,383	1,833	2,262	2,821	3,250
10	0,397	0,542	0,700	0,879	1,093	1,372	1,812	2,228	2,764	3,169
11	0,396	0,540	0,697	0,876	1,088	1,363	1,796	2,201	2,718	3,106
12	0,395	0,539	0,695	0,873	1,083	1,356	1,782	2,179	2,681	3,055
13	0,394	0,538	0,694	0,870	1,079	1,350	1,771	2,160	2,650	3,012
14	0,393	0,537	0,692	0,868	1,076	1,345	1,761	2,145	2,624	2,977
15	0,393	0,536	0,691	0,866	1,074	1,341	1,753	2,131	2,602	2,947
16	0,392	0,535	0,690	0,865	1,071	1,337	1,746	2,120	2,583	2,921
17	0,392	0,534	0,689	0,863	1,069	1,333	1,740	2,110	2,567	2,898
18	0,392	0,534	0,688	0,862	1,067	1,330	1,734	2,101	2,552	2,878
19	0,391	0,533	0,688	0,861	1,066	1,328	1,729	2,093	2,539	2,861
20	0,391	0,533	0,687	0,860	1,064	1,325	1,725	2,086	2,528	2,845
21	0,391	0,532	0,686	0,859	1,063	1,323	1,721	2,080	2,518	2,831
22	0,390	0,532	0,686	0,858	1,061	1,321	1,717	2,074	2,508	2,819
23	0,390	0,532	0,685	0,858	1,060	1,319	1,714	2,069	2,500	2,807
24	0,390	0,531	0,685	0,857	1,059	1,318	1,711	2,064	2,492	2,797
25	0,390	0,531	0,684	0,856	1,058	1,316	1,708	2,060	2,485	2,787
30	0,389	0,530	0,683	0,854	1,055	1,310	1,697	2,042	2,457	2,750

0. Grundlagen

0.1 Datenerhebung

Aufgabe 1:

Bei einer Umfrage zu politischen Wahlen werden 100 Einwohner der Stadt Zell zu ihrer Parteiwahl befragt. Die Befragung findet in einem Zeitraum vom 02.04. bis zum 07.04. statt. Bei dem Fragebogen soll man ausfüllen, für welche Parteien man stimmen würde. Zur Auswahl stehen: Tierschutzpartei, Die Partei, Freibierpartei und Partypartei. Man kann bezüglich der Frage, ob man die Parteien wählen würde, jeweils Ja oder Nein ankreuzen.

a)   Nenne die statistische Masse sowie die statistische Einheit dieser Befragung.
b)   Erkläre, ob die erhobenen Daten einem nominalen, ordinalen oder kardinalen Skalenniveau entsprechen. Begründe deine Antwort.
c)   Nenne alle möglichen Merkmale sowie deren Merkmalsausprägungen.

Aufgabe 2:

Kreuze hier jeweils die richtigen Antworten an.

a) Ein statistisches Institut befragt 10.000 Menschen zu ihrem Brotkonsum. Sie sollen in Gramm angeben, wieviel Brot sie täglich konsumieren.

Welche Art der Erhebung wird hier durchgeführt?

o   Primärerhebung
o   Sekundärerhebung

Welchem Skalenniveau entsprechen die erhobenen Daten?

o   Nominal
o   Ordinal
o   Kardinal

Aufgabe 1:

a)
Statistische Masse: Die 100 befragten Einwohner der Stadt Zell im Zeitraum der Befragung.
Statistische Einheit: Ein Einwohner der Stadt Zell, welcher innerhalb des angegebenen Zeitraums befragt wurde.

b)
Es handelt sich um ein nominales Skalenniveau, da man die zugrundeliegenden Merkmalsausprägungen weder in keine Reihenfolge bringen kann, diese keinen natürlichen 0Punkt haben und nicht in Zahlen gemessen werden können.

c)
Merkmale: Partei, Angabe zur Wahl

Merkmalsausprägungen: Partei: (Tierschutzpartei, Die Partei, Freibierpartei, Partypartei) Wahl: (Ja, Nein)

Aufgabe 2:

a) Ein statistisches Institut befragt 10.000 Menschen zu ihrem Brotkonsum. Sie sollen in Gramm angeben, wieviel Brot sie täglich konsumieren.

Welche Art der Erhebung wird hier durchgeführt?

✓   Primärerhebung
o   Sekundärerhebung

Welchem Skalenniveau entsprechen die erhobenen Daten?

o   Nominal
o   Ordinal
✓   Kardinal

73

0. Grundlagen

0.1 Datenerhebung

Aufgabe 2:

b)
Die Mitarbeiter einer Firma füllen einen Fragebogen zu ihrer Zufriedenheit am Arbeitsplatz aus. Sie sollen ihre Zufriedenheit auf einer Skala von 1-10 einordnen.

Welche Art der Erhebung wird hier durchgeführt?

o   Primärerhebung
o   Sekundärerhebung

Welchem Skalenniveau entsprechen die erhobenen Daten?

o   Nominal
o   Ordinal
o   Kardinal

c)
Eine Investmentbank lässt sich von einem Forschungsinstitut Daten zu den Aktien bekannter Unternehmen geben. Die verschiedenen Aktien sind jeweils entweder mit den Angaben „Kaufen", „Halten", oder „Verkaufen" versehen.

Welche Art der Erhebung wird hier durchgeführt?

o   Primärerhebung
o   Sekundärerhebung

Welchem Skalenniveau entsprechen die erhobenen Daten?

o   Nominal
o   Ordinal
o   Kardinal

b) Die Mitarbeiter einer Firma füllen einen Fragebogen zu ihrer Zufriedenheit am Arbeitsplatz aus. Sie sollen ihre Zufriedenheit auf einer Skala von 1-10 einordnen.

Welche Art der Erhebung wird hier durchgeführt?

- ✓ Primärerhebung
- ○ Sekundärerhebung

Welchem Skalenniveau entsprechen die erhobenen Daten?

- ○ Nominal
- ✓ Ordinal
- ○ Kardinal

c) Eine Investmentbank lässt sich von einem Forschungsinstitut Daten zu den Aktien bekannter Unternehmen geben. Die verschiedenen Aktien sind jeweils entweder mit den Angaben „Kaufen", „Halten", oder „Verkaufen" versehen.

Welche Art der Erhebung wird hier durchgeführt?

- ○ Primärerhebung
- ✓ Sekundärerhebung

Welchem Skalenniveau entsprechen die erhobenen Daten?

- ✓ Nominal
- ○ Ordinal
- ○ Kardinal

0. Grundlagen

0.1 Datenerhebung

Aufgabe 2:

d) Eine Fluggesellschaft lässt sich Daten zur Wetterlage von einem Wetterinstitut geben. Das Wetterinstitut gibt der Fluggesellschaft Daten zur Temperatur in C.

Welche Art der Erhebung wird hier durchgeführt?

○　　Primärerhebung
○　　Sekundärerhebung

Welchem Skalenniveau entsprechen die erhobenen Daten?

○　　Nominal
○　　Ordinal
○　　Kardinal

e) Die Fluggesellschaft benötigt außerdem Daten zum Niederschlag. Diese erhebt sie selbst und vermerkt die Menge des Niederschlags in mm.

Welche Art der Erhebung wird hier durchgeführt?

○　　Primärerhebung
○　　Sekundärerhebung

Welchem Skalenniveau entsprechen die erhobenen Daten?

○　　Nominal
○　　Ordinal
○　　Kardinal

d) Eine Fluggesellschaft lässt sich Daten zur Wetterlage von einem Wetterinstitut geben. Das Wetterinstitut gibt der Fluggesellschaft Daten zur Temperatur in C.

Welche Art der Erhebung wird hier durchgeführt?

○ Primärerhebung
✓ Sekundärerhebung

Welchem Skalenniveau entsprechen die erhobenen Daten?

○ Nominal
○ Ordinal
✓ Kardinal

e) Die Fluggesellschaft benötigt außerdem Daten zum Niederschlag. Diese erhebt sie selbst und vermerkt die Menge des Niederschlags in mm.

Welche Art der Erhebung wird hier durchgeführt?

✓ Primärerhebung
○ Sekundärerhebung

Welchem Skalenniveau entsprechen die erhobenen Daten?

○ Nominal
○ Ordinal
✓ Kardinal

0. Grundlagen

0.1 Datenerhebung

Aufgabe 2:

f)
Zu guter Letzt erhebt die Fluggesellschaft Daten zur täglichen Anzahl an Passagieren. Diese werden durch das statistische Sammeln sämtlicher Check-ins erhoben.

Welche Art der Erhebung wird hier durchgeführt?

○ Primärerhebung
○ Sekundärerhebung

Welchem Skalenniveau entsprechen die erhobenen Daten?

○ Nominal
○ Ordinal
○ Kardinal

Aufgabe 3:

Gebe bei den folgenden Daten die statistischen Merkmale und deren relevante Merkmalsausprägungen an:

a) Anzahl der Museumsbesucher:
(Montag,11);(Dienstag,34);(Mittwoch,54);(Donnerstag,65);(Freitag,23)

b) Menge gebrautes Bier:
20 Liter, 40 Liter, 52 Liter, 32 Liter, 24 Liter

c) Temperatur in Celsius in einer Sommerwoche
29C, 31C, 35C, 23C, 24C, 27C, 25C

f) Zu guter Letzt erhebt die Fluggesellschaft Daten zur täglichen Anzahl an Passagieren. Diese werden durch das statistische Sammeln sämtlicher Check-ins erhoben.

Welche Art der Erhebung wird hier durchgeführt?

✓   Primärerhebung
o   Sekundärerhebung

Welchem Skalenniveau entsprechen die erhobenen Daten?

o   Nominal
o   Ordinal
✓   Kardinal

Aufgabe 3:

a)
Merkmale: Wochentag, Anzahl der Besucher
Merkmalsausprägungen: Wochentag (Montag, Dienstag, Mittwoch, Donnerstag, Freitag); Anzahl der Besucher (0-200);

b)
Merkmale: Menge des gebrauten Bieres in Litern
Merkmalsausprägungen: Menge des gebrauten Bieres in Litern (0-100);

c)
Merkmale: Wochentag, Temperatur in C
Merkmalsausprägungen: Wochentag (Montag, Dienstag, Mittwoch, Donnerstag, Freitag, Samstag, Sonntag); Temperatur in C(0-50);

1. Tabellen Grundlagen - Darstellung und Lageparameter

1.1 Tabellen Grundlagen I - vollständige Tabellen

Ingo besitzt einen Fahrradladen. Um herauszufinden, wie er sein Produktportfolio sinnvoll erweitern kann, möchte herausfinden,

wer seine Kunden sind.

An einem Tag hat er folgende Beobachtungen gemacht:

M19, M29, M14, F26, F21, M21, M29, F16, M29, F22, F21, M28, M17, M18, F23, F25, F20, F20, M18, F21, F22, M25, M17, F20, F29, M19, F19, M28, F22, F18, M17, F16, M21, F27, M23, F25 und M20.

Aufgabe 1

Erstellen Sie eine zweidimensionale Häufigkeitstabelle mit den Klassen [13-21); [21-26) und [26-29]

a. Als absolute Tabelle

b. Als relative Tabelle

Aufgabe 2

Bestimmen sie folgende Werte:

a) Modalwert
b) Jeweils den Median sowie den feinberechneten Zentralwert der Männer und der Frauen
c) Feinberechneter Zentralwert der Altersklassen
d) Arithmetisches Mittel aller möglichen Klassen
e) Erstellen Sie ein Histogramm für beide Randverteilungen

1. Tabellen Grundlagen - Darstellung und Lageparameter

1.1 Tabellen Grundlagen I - vollständige Tabellen

Aufgabe 1

	[13-21)	[21-26)	[26-29]	$\sum$
Männer	9 | 9/37	4 | 4/37	5 | 5/37	18 | 18/37
Frauen	7 | 7/37	9 | 9/37	3 | 3/37	19 | 19/37
$\sum$	16 | 16/37	13 | 13/37	8 | 8/37	37 | 1

Aufgabe 2

a) $\bar{X}_D$: Frauen; [21-26) sowie Männer; [13-21)

b)

Frauen:

Median: (i= 19; 19/2= 9,5 -> 10)

F16, F16, F18, F19, F20, F20, F20, F21, F21, F21, F22, F22, F22, F23, F25, F25, F26, F27, F29

Feinberechneter Zentralwert:

$$21 + \frac{26-21}{\frac{9}{19}} \cdot \left(0,5 - \frac{7}{19}\right) = 22,38$$

Männer:

Median: $\dfrac{20+21}{2} = 20,5$

M14, M17, M17, M17, M18, M18, M19, M19, M20, (M20,5), M21, M21, M23, M25, M28, M28, M29, M29, M29

Feinberechneter Zentralwert:

$$13 + \frac{21-13}{\frac{1}{2}} \cdot 0,5 - 0 = 21$$

c) $21 + \dfrac{26-21}{\frac{13}{37}} \cdot \left(0,5 - \dfrac{16}{37}\right) = 21,96$

d) $\bar{X}_{Alter}$: 1/37×(17×16+23,5×13+27,5×8) = 21,55

e)

$\hat{=} 2$

M:

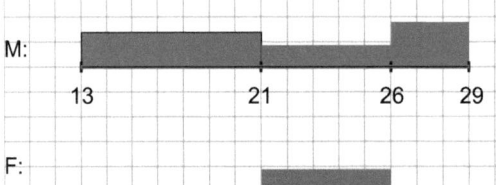

13   21   26   29

F:

13   21   26   29

1. Tabellen Grundlagen - Darstellung und Lageparameter

1.1 Tabellen Grundlagen I - vollständige Tabellen

Aufgabe 3

Eine Aktie ist in den letzten drei Jahren wie folgt gestiegen:

*   Jahr 1: +120%
*   Jahr 2: +70%
*   Jahr 3: +289%

Berechne die durchschnittliche Steigung der drei Jahre mithilfe des geometrischen Mittels.

Aufgabe 4

Das Aktienportfolio von Olaf hat in den letzten acht Jahren folgende Performance hingelegt:

*   Jahr 1: 20.000€
*   Jahr 2: 22.000€
*   Jahr 3: 26.000€
*   Jahr 4: 18.000€
*   Jahr 5: 22.000€
*   Jahr 6: 24.000€
*   Jahr 7: 27.000€
*   Jahr 8: 31.000€

Berechne die durchschnittliche Steigerung mithilfe des geometrischen Mittels.

1. Tabellen Grundlagen - Darstellung und Lageparameter

1.1 Tabellen Grundlagen I - vollständige Tabellen

Aufgabe 3

$\bar{X}_G$: $\sqrt[3]{1{,}2 \times 0{,}7 \times 2{,}89}$ = 1,34397867 = ~134%

Aufgabe 4

- Jahr 1: 20.000€ - 100%
- Jahr 2: 22.000€ - 110%
- Jahr 3: 26.000€ - 118,18%
- Jahr 4: 18.000€ - 69,23%
- Jahr 5: 22.000€ - 122,2%
- Jahr 6: 24.000€ - 109,1%
- Jahr 7: 27.000€ - 112,5%
- Jahr 8: 31.000€ - 114,8%

$\bar{X}_G$: $\sqrt[7]{1{,}1 * 1{,}1818 * 0{,}6923 * 1{,}222 * 1{,}091 * 1{,}1125 * 1{,}1148}$ = 1,0584 = ~5,84%

Hinweis:
Hierbei ist es wichtig immer die prozentuale Steigerung auf das Vorjahr zu berechnen und nicht auf das Basisjahr.
Somit beziehen sich die angegeben Steigerungen des jeweiligen Jahres immer auf das Vorjahr. Es ergeben sich 7 Steigerungen mit denen gerechnet wird.

1. Tabellen Grundlagen - Darstellung und Lageparameter

1.2 Tabellen Grundlagen II - unvollständige Tabellen

Aufgabe 1

Fahrradladenbesitzer Ingo hat sich gefragt, wie viel seine Kunden bereit sind für ein Fahrrad zu bezahlen.
Dazu hat er auf zwei verschiedenen Fahrradmessen die Besucher befragt.

Folgende Beobachtungen hat er gemacht:

Messe 1:

n = 100	100 - 200 €	200 - 300 €	300 - 400 €	400 - 500 €
Rennrad	7	0,12	3	11%
Mountainbike	14	7	9%	12
Stadtfahrrad	0,09	?	2	1

Messe 2

n = 150	100 - 200 €	200 - 400 €	400 - 500 €
Rennrad	15	30	0
Mountainbike	10%	0,2	0,15
Stadtfahrrad	?	0,05	0,025

a) Wie viele der Befragten auf Messe 1 würden ein Rennrad kaufen, egal wie teuer es wäre?

b) Wie viele der Befragten der Messe 2 (absolut) würden ein Stadtfahrrad kaufen, wenn es zwischen 100 und 400 Euro kostet?

c) Was wäre der durchschnittliche Preis für ein Rennrad, wenn man das arithmetische Mittel berechnet? (Beide Messen einbezogen)

d) Welches Fahrrad wurde an beiden Messen für welchen Preis am Meisten gewählt?

e) Welches Fahrrad wurde an beiden Messen für welchen Preis am Wenigsten gewählt?

1. Tabellen Grundlagen - Darstellung und Lageparameter

1.2 Tabellen Grundlagen II - unvollständige Tabellen

Aufgabe 1

Messe 1:

n = 100	100 - 200 €	200 - 300 €	300 - 400 €	400 - 500 €	Σ
Rennrad	7	12	3	11	33
Mountainbike	14	7	9	12	42
Stadtfahrrad	9	13	2	1	25

Messe 2:

n = 150	100 - 200 €	200 - 400 €	400 - 500 €	Σ
Rennrad	15	30	0	45
Mountainbike	15	30	22,5	67,5
Stadtfahrrad	26,25	7,5	3,75	37,5

a) (7+12+3+11)/100 = 33%

b) Fragezeichen berechnen und [100 - 200) + [200 - 400) = 33,75
   Antwort: 33 Personen, da es keine 0,75 Personen gibt.

c) 1/78*(150*(7+15)+300*(12+3+30)+450*11)

   $\overline{X}$ = 278 €

d/e)

n = 150	100 - 200 €	200 - 400 €	400 - 500 €
Rennrad	22	45	11
Mountainbike	29	46	34,5
Stadtfahrrad	35,25	22,5	4,75

85

2. Tabellen Fortgeschritten (Zusammenhangsmaße)

2.1 Tabellen Fortgeschritten I - vollständige Tabellen

Aufgabe 1

Berechne die Stärke des Zusammenhangs zwischen Reparaturen und Stürzen.

X = Reparaturen im Jahr
Y = Stürze im Jahr

n = 100	1 - 2	2 - 3	3 - 4	4 - 5	Σ
0 - 2	15	10	3	2	30
2 - 4	5	10	10	10	35
4 - 6	0	5	12	18	35
Σ	20	25	25	30	100

a) Berechne das arithmetische Mittel aus x und y.
b) Berechne die Standardabweichung von x und y.
c) Berechne die Kovarianz.
d) Berechne den Korrelationskoeffizienten.
e) Was sagt uns dieser Wert über den Zusammenhang der Stürze und der Anzahl der Reparaturen?

Aufgabe 2

Bei der folgenden Datenreihe wurden die Merkmale Alter und Größe in cm von Studenten notiert:

15, 176/ 14, 172/ 17, 182/ 22,190/ 21,183/18, 180/ 18,177 / 16,172/ 21,179 / 23,175 / 17, 173 / 15, 169 / 14, 172 / 16, 173 / 21, 181 / 20, 189/ 14, 191

a) Berechne den Modalwert, den Median und das Arithmetische Mittel für alle Merkmale!

b) Stelle eine mehrdimensionale Häufigkeitstabelle auf. Klassiere die Merkmale wie folgt: Alter (14-17)(17-20)(20-23) Größe (165-175)(175-185)(185-195)!

c) Berechne die Kovarianz

d) Berechne nun den Korrelationskoeffizienten. Begründe, ob zwischen Alter und Größe ein Zusammenhang besteht!

2. Tabellen Fortgeschritten (Zusammenhangsmaße)

2.1 Tabellen Fortgeschritten I - vollständige Tabellen

Aufgabe 1

a)
$\bar{X} = 1/100 * (1,5 * 20 + 2,5 * 25 + 3,5 * 25 + 4,5 * 30) = 3,15$
$\bar{y} = 1/100 * (1 * 30 + 3 * 35 + 5 * 35) = 3,1$

b)
$S^2x = 1100 * ((1,5 - 3,15)^2 * 20 + (2,5 - 3,15)^2 * 25 + (3,5 - 3,15)^2 * 25 + (4,5 - 3,15)^2 * 30) = 1,2275$
$S^2y = 1100 * ((1 - 3,1)^2 * 30 + (3 - 3,1)^2 * 35 + (5 - 3,1)^2 * 35) = 2,59$
$Sx = 1,1079$
$Sy = 1,609$

c)
$COV = 1/100 * (((1,5 - 3,15) * (1 - 3,1)) * 15 + ((2,5 - 3,15) * (1 - 3,1)) * 10 + ((3,5 - 3,15) * (1 - 3,1)) * 3 + ((4,5 - 3,15) * (1 - 3,1)) * 2 + ((1,5 - 3,15) * (3 - 3,1)) * 5 + ((2,5 - 3,15) * (3 - 3,1)) * 10 + ((3,5 - 3,15) * (3 - 3,1)) * 10 + ((4,5 - 3,15) * (3 - 3,1)) * 10 + ((1,5 - 3,15) * (5 - 3,1)) * 0 + ((2,5 - 3,15) * (5 - 3,1)) * 5 + ((3,5 - 3,15) * (5 - 3,1)) * 12 + ((4,5 - 3,15) * (5 - 3,1)) * 18) = 1,065 // 1,055??$

d)
$r = 1,065/1,1079 * 1,609 = 0,59$

Der Wert des Korrelationskoeffizient kann zwischen -1 und +1 betragen. Je näher der Wert bei 0 ist, desto geringer ist die stärke des Zusammenhanges. Ist der Wert bei +1, so ist der Zusammenhang streng monoton steigend. Ist der Wert bei -1 ist er streng monoton sinkend. Man kann also sagen sollte der Wert positiv sein, ist der Zusammenhang positiv und bei einem negativen Wert negativ. Ab einem Wert von 0,6 spricht man von einem aussagekräftigen Wert den man als starken Zusammenhang werten kann.

2. Tabellen Fortgeschritten (Zusammenhangsmaße)

2.1 Tabellen Fortgeschritten I - vollständige Tabellen

Aufgabe 3

Für eine Umfrage wurden Daten zu Temperatur und der Anzahl von Schwimmbadbesuchern erhoben. Gezählt wurden hier die Tage, an denen bestimmte Merkmale zutreffen.

Folgende Tabelle ist gegeben:

Temperatur/ Besucher	[20 - 24) C°	[24-26) C°	[26-28) C°	[28-32] C°
[10-20)	6	5	7	0
[20-30)	4	3	0	6
[30-40)	0	7	8	8
[40-50]	0	0	9	11

a) Berechne den feinberechneten Zentralwert sowie das arithmetische Mittel. Gebe außerdem den Modalwert der Temperatur an.

b) Berechne nun die Standardabweichungen für x und y.

c) Berechne die Kovarianz und anschließend den Korrelationskoeffizienten. Besteht ein Zusammenhang zwischen den beiden Merkmalen?

2. Tabellen Fortgeschritten (Zusammenhangsmaße)

2.1 Tabellen Fortgeschritten I - vollständige Tabellen

Aufgabe 3

Temperatur/ Besucher	[20 - 24) C°	[24-26) C°	[26-28) C°	[28-32] C°	Σ
[10-20)	6	5	7	0	18
[20-30)	4	3	0	6	13
[30-40)	0	7	8	8	23
[40-50]	0	0	9	11	20
Σ	10	15	24	25	<u>74</u>

a) $\bar{X}_D$: [28-32] C°

$\bar{X}$: $1/74*(22*10+25*15+27*24+30*25)= 26,93$

$\bar{X}_{fz}$: $26+(28-26)/24/74)*(0,5-25/74)= 27$

b) $S^2x= 1/74*((22-26,93)^2*10+(25-26,93)^2*15+(27-26,93)^2*24+(30-26,93)^2*25)$
$S^2y= 1/74*((15-31,1)^2*18+(25-31,1)^2*13+(35-31,1)^2*23+(45-31,1)^2*20)$
$Sx= \sqrt{S^2x} = 2,688$
$Sy= \sqrt{S^2y} = 11,249$

c) $COV_{xy}=$

$1/74*$
$[(22-26,93)*(15-31,1)*6+(25-26,93)*(15-31,1)*5+(27-26,93)*(15-31,1)*7+\qquad 0$
$(22-26,93)*(25-31,1)*4+(25-26,93)*(25-31,1)*3+\qquad 0 \qquad +(30-26,93)*(25-31,1)*6$
$\qquad 0 \qquad\qquad +(25-26,93)*(35-31,1)*7+(27-26,93)*(35-31,1)*8+(30-26,93)*(35-31,1)*8$
$\qquad\quad 0 \qquad + \qquad 0 \qquad\qquad +(27-26,93)*(45-31,1)*9+(30-26,93)*(45-31,1)*11]$

$=$

$1/74*$

476,238	+	155,365	+	-7,889	+	0
120,292	+	35,319	+	0	+	-112,362
0	+	-52,689	+	2,184	+	95,784
0	+	0	+	8,757	+	469,403

$=$

$1/74*1.145,123$

$= 15,47$

$r_{xy} = 15,47/2,689*11,249 = 0,511$

2. Tabellen Fortgeschritten (Zusammenhangsmaße)

2.2. Tabellen Fortgeschritten II - unvollständige Tabellen

Aufgabe 1

Ein Elektroladen möchten herausfinden, wie viel Geld er für aufbereitete Produkte der jeweiligen Marke bekommen hat. Der Praktikant hat allerdings ein paar der Belege verloren.
Nun sollst du die fehlenden Daten ergänzen und die gefragten Werte berechnen.

Marke / Preis	Lenovo	Acer	Microsoft	Apple	Σ
250 - 450€	30	0,14	5	0,004	
450 - 650€	14%		15	38	199
650 - 850€	0,08	10	6	0,06%	
> 850€		0,01	0,04	100	
Σ	150				500

Folgende Werte sollst du zusätzlich berechnen:
a) Modalwert
b) XFZ des Preises
c) Arithmetisches Mittel
d) Kovarianz

2. Tabellen Fortgeschritten (Zusammenhangsmaße)

2.2. Tabellen Fortgeschritten II - unvollständige Tabellen

Aufgabe 1

Marke Preis	Lenovo	Acer	Microsoft	Apple	Σ
250 - 450€	30	70	5	2	107
450 - 650€	70	76	15	38	199
650 - 850€	40	10	6	3	59
> 850€	10	5	20	100	135
Σ	150	161	46	143	500

a) $\bar{X}_D$: Apple; >850€

a) $\bar{Y}_{FZ}$: 450+(650-450)/(199/500)*(0,5-(107/500))= 593,72€

c) $\bar{X}$: 1/500*(350*107+550*199+750*59+1000*135)= 652,3
$\bar{Y}$: nicht möglich da nominal

Annahme: Obere Klasse durch ende 1150 angenommen

d) nicht möglich da Y nominal

3. Zeitreihenanalyse

Aufgabe 1

Ingo hat über einen Zeitraum von 20 Wochen die Anzahl der Besucher in seinem Fahrradladen festgehalten. Nun sollst du seine Daten übersichtlich auswerten. Er geht der Einfachheit davon aus, dass ein Monat vier Wochen hat.

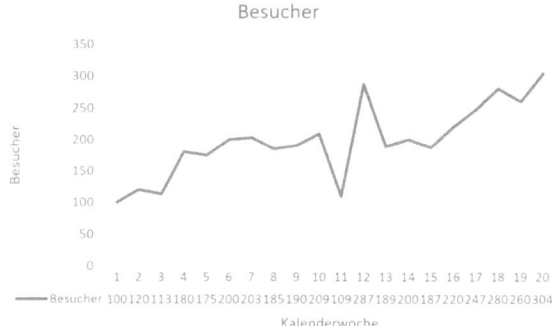

Berechne den geglätteten Durchschnitt der 4. Ordnung und zeichne ihn ein.

Aufgabe 2

Prognostiziere den exponentiell geglätteten Wert der Verkäufe für den 01.05.2024

25. Apr	26. Apr	27. Apr	28. Apr	29. Apr	30. Apr	01.05.2024
750	800	590	806	405	794	???

3. Zeitreihenanalyse

Aufgabe 1

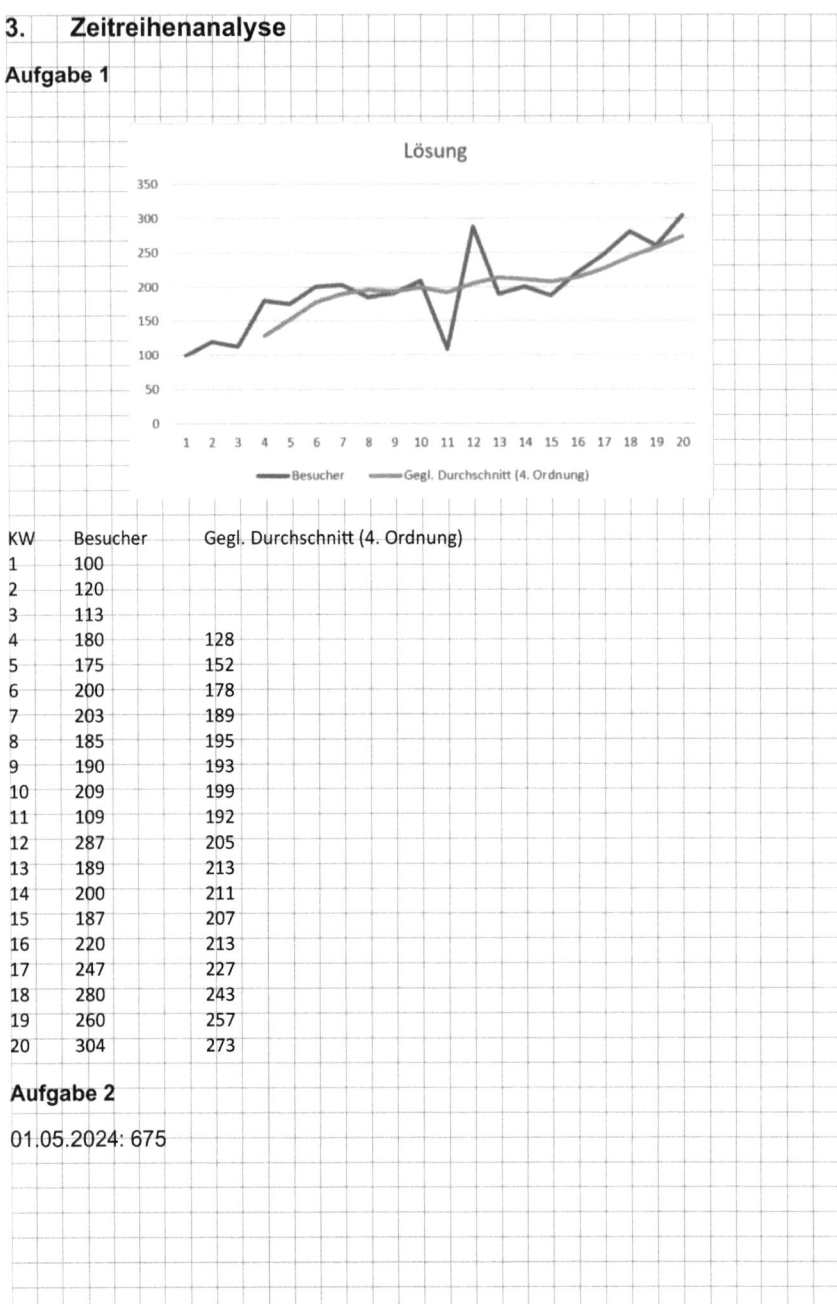

KW	Besucher	Gegl. Durchschnitt (4. Ordnung)
1	100	
2	120	
3	113	
4	180	128
5	175	152
6	200	178
7	203	189
8	185	195
9	190	193
10	209	199
11	109	192
12	287	205
13	189	213
14	200	211
15	187	207
16	220	213
17	247	227
18	280	243
19	260	257
20	304	273

Aufgabe 2

01.05.2024: 675

4. Bestand

Aufgabe 1

Für ein Parkhaus wurde im Laufe eines Tages dokumentiert, wie viele Autos ein- bzw. ausgefahren sind. Die Dokumentation wurde in die 8 Stunden unterteilt, in denen das Parkhaus geöffnet hatte. Vervollständige als erstes die Tabelle:

	1	2	3	4	5	6	7	8
Zugang	7		0	5			4	1
Abgang	0	1	4	2	3	5		
Bestand		12			17	14	18	0

Berechne nun die mittlere Verweildauer, den durchschnittlichen Bestand sowie die Umschlagshäufigkeit.

Aufgabe 2

Ein Lager für Schrauben hat folgende Zugänge und Abgänge dokumentiert:

	02.01.2025	02.03.2025	02.04.2025	02.06.2025	02.07.2025
Zugang	873		734		123
Abgang	214	222	654	685	1013
Bestand		1450		890	0

a) Vervollständige die Tabelle

b) Berechne den durchschnittlichen Bestand, die mittlere Verweildauer und die Umschlagshäufigkeit.

4.   Bestand

Aufgabe 1

	1	2	3	4	5	6	7	8
Zugang	7	6	0	5	9	2	4	1
Abgang	0	1	4	2	3	5	0	19
Bestand	7	12	8	11	17	14	18	0

$\bar{B}$: 1/8*(7+12+8+11+17+14+18+0) = <u>10,875</u>

$\bar{d}$: 10,875*(8-0)/34 = 2,56

U: 8/2,56 = 3,125

Aufgabe 2

	02.01.2025	02.03.2025	02.04.2025	02.06.2025	02.07.2025
Zugang	873	1013	734	45	123
Abgang	214	222	654	685	1013
Bestand	659	1450	1530	890	0

b)

$\bar{B}$: (659*2+1450+1530*2+890+0)/7 = 959,71

$\bar{d}$: 959,71*(7-0)/2788 = 3,409

U: 7/3,409 = 2,05

5. Regression

Heinz ist ein Naturfreund und liebt es, in den örtlichen Bergen nach Adlern Ausschau zu halten. Er dokumentiert die Sichtungen und gibt sie an eine örtliche Naturschutzorganisation weiter, welche die Daten auswertet um den Adlerbestand der nächsten Jahre zu prognostizierten.

In der folgenden Tabelle sind die Sichtungen dokumentiert:

Datum	Zeitindex (t)	Gesichtete Adler	Datum	Zeitindex (t)	Gesichtete Adler
01/2024	1	7	01/2025	13	6
02/2024	2	4	02/2025	14	3
03/2024	3	8	03/2025	15	7
04/2024	4	12	04/2025	16	10
05/2024	5	15	05/2025	17	12
06/2024	6	18	06/2025	18	15
07/2024	7	19	07/2025	19	15
08/2024	8	17	08/2025	20	11
09/2024	9	14	09/2025	21	9
10/2024	10	9	10/2025	22	3
11/2024	11	3	11/2025	23	0
12/2024	12	1	12/2025	24	1

Zusätzlich zu der Tabelle sind folgende Werte für eine Regressionsfunktion gegeben:

a = 12,4
b = -0,26

Aufgabe 1

Berechne den Trend und die periodischen Schwankungen. Prognostiziere anschließend für den Bestände dieser drei Monate:

- Juni 2026
- Dezember 2026
- August 2027

5. Regression

Aufgabe 1

Berechne den Trend und die periodischen Schwankungen.
Prognostiziere anschließend für den Bestände dieser drei Monate:

Juni 2026, Dezember 2026, August 2027

Juni 2026

Trendwert: 12,4-0,26*30= 4,6

Periodische Schwankung für Juni:
t6) 12,4-0,26*6=10,84 // 18-10,84= 7,17
t18) 12,4-0,26*18= 7,72 //15-7,72= 7,28
(7,17+7,28)/2= 7,225

Prognosewert: 4,6+7,225= 11,825

Dezember 2026

Trendwert: 12,4-0,26*36= 3,04

Periodische Schwankung für Dezember:
t12) 12,4-0,26*12= 9,28 // 1-9,28= -8,28
t24) 12,4-0,26*24= 6,16 // 1-6,16= -5,16
(-8,28-5,16)/2= -6,72

Prognosewert: 3,04-6,72= -3,68

August 2027

Trendwert: 12,4-0,26*44= 0,96

Periodische Schwankung für August:
t8) 12,4-0,26*8= 9,96 // 17-9,96= 7,04
t20) 12,4-0,26*20= 6,84 // 11-6,84= 4,16
(7,04+4,16)/2= 5,6

Prognosewert: 0,96+5,6= 6,56

5. Regression

Das Unternehmen Sintex verkauft europaweit Schwimmringe. Als neu angestellter Wirtschaftswissenschaftler sollst du die Verkaufswerte für das nächste Jahr prognostizieren. In der folgenden Tabelle wurden die bisherigen Verkaufszahlen festgehalten:

Datum	Zeitindex (t)	Verkaufte Ringe (in k)	Datum	Zeitindex (t)	Verkaufte Ringe (in k)
01/2024	1	2	01/2025	13	3
02/2024	2	4	02/2025	14	5
03/2024	3	16	03/2025	15	20
04/2024	4	38	04/2025	16	48
05/2024	5	110	05/2025	17	143
06/2024	6	190	06/2025	18	207
07/2024	7	250	07/2025	19	322
08/2024	8	240	08/2025	20	304
09/2024	9	130	09/2025	21	369
10/2024	10	11	10/2025	22	36
11/2024	11	4	11/2025	23	7
12/2024	12	3	12/2025	24	1

Zusätzlich zu der Tabelle sind folgende Werte für eine Regressionsfunktion gegeben:

a = 54,8
b = 3,8

Aufgabe 2

Prognostiziere die Verkaufswerte für folgende Monate:
- März 2026
- Juli 2026
- November 2026

5. Regression

Aufgabe 2

Prognostiziere die Verkaufswerte für folgende Monate:

- März 2026
- Juli 2026
- November 2026

März 2026

Trendwert: 54,8+3,8*27= 157,4

Periodische Schwankung für Juni:
t3) 54,8+3,8*3= 66,2// 16-66,2= -50,2
t15) 54,8+3,8*15= 111,8 // 20-111,8= -91,8
(-50,2-91,8)/2= -71

Prognosewert: 157,4-71= 86,4

Juli 2026

Trendwert: 54,8+3,8*31= 172,6

Periodische Schwankung für Juni:
t7) 54,8+3,8*7= 81,4 // 250-81,4= 168,6
t19) 54,8+3,8*19= 127 // 322-127= 195
(168,6+195)/2= 181,8

Prognosewert: 172,6+181,8= 354,4

November 2026

Trendwert: 54,8+3,8*35= 187,8

Periodische Schwankung für Juni:
t11) 54,8+3,8*11= 96,6 // 4-96,6= -92,6
t23) 54,8+3,8*23= 142,2 // 7-142,2= -135,2
(-92,6-135,2)/2= -113,9

Prognosewert: 187,8-113,9= 73,9

6. Konzentrationsmaße (Gini- und Herfindahl/Hirschmann-Koeffizient)

6.1 Gini-Koeffizient

Aufgabe 1

In der folgenden Tabelle wurde die Anzahl angemeldeter Patente verschiedener EU-Länder im Jahr 2023 festgehalten. Die Namen dieser Länder wurden hier durch Nummern ersetzt. Berechne mithilfe des Gini-Koeffizienten, wie gleichmäßig die Anzahl der angemeldeten Patente verteilt ist.

Land	1-6	7	8	9-10	11-14
Patente	780	540	222	787	1243

6.2 Herfindahl-Koeffizient

Aufgabe 1

Angenommen, es gibt einen Markt mit fünf Unternehmen, die jeweils einen bestimmten Marktanteil haben:

- Unternehmen A: 30%
- Unternehmen B: 25%
- Unternehmen C: 20%
- Unternehmen D: 15%
- Unternehmen E: 10%

Um den Grad der Marktkonzentration zu berechnen, verwenden wir den Herfindahl-Index.

6. Konzentrationsmaße
(Gini- und Herfindahl/Hirschmann-Koeffizient)

6.1 Gini-Koeffizient

Aufgabe 1

Land	1-6	7	8	9-10	11-14
Patente	780	540	222	787	1243
Patente aufsummiert	780	1320	1542	2329	3572
Anteil aufsummierte Patente (y)	0,2184	0,3695	0,4317	0,6520	1
Anteil der Länder (x)	42,86%	50%	57,24%	71,43%	100%

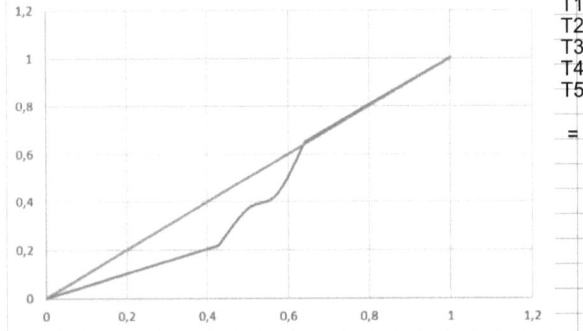

T1: (0+0,2184)/2*3/7
T2: (0,2184+0,3695)/2*1/14
T3: (0,3695+0,4317)/2*1/14
T4: (0,4317+0,6520)/2*2/14
T5: (0,6520+1)/2*4/14

= 0,0468+0,0209+0,0286+
  0,0774+0,236
= 0,4097

1*1/2 = 0,5

0,5-0,4097 = 0,0903

0,0903/0,5 = 0,3612

0,3612*100 = 36,12% || 100% = absolut ungerecht / 0% = absolut gerecht

6.2 Herfindahl-Koeffizient

Aufgabe 1

$H = A^2+B^2+C^2+D^2+E^2$

$H = (0,30)^2+(0,25)^2+(0,20)^2+(0,15)^2+(0,10)^2$
$H = 0,09+0,0625+0,04+0,0225+0,01$
$H = 0,225$

Der Herfindahl-Index liegt zwischen 0 und 1. Je höher der Wert, desto stärker ist der Markt konzentriert. Ein Wert von 0 bedeutet perfekten Wettbewerb, während ein Wert von 1 darauf hindeutet, dass ein einzelnes Unternehmen den gesamten Markt beherrscht.
Im vorliegenden Fall beträgt der Herfindahl-Index 0,225, was darauf hinweist, dass der Markt moderat konzentriert ist, aber kein einzelnes Unternehmen den Markt dominiert. Es gibt also noch Wettbewerb zwischen den Unternehmen auf dem Markt.

7. Indexzahlen (Laspeyres Preisindex / Paasche Preisindex)

Aufgabe 1:

Die folgende Tabelle zeigt, wie sich die Preise für Lebensmittel von 2019 – 2021 aus Sicht eines Restaraunts entwickelt haben:

Jahr	2019		2021	
	Preis	Verbrauch	Preis	Verbrauch
Zwiebel	0,30 €	1270	0,50 €	1560
Steak	5,99 €	400	8,99 €	700
Kartoffel	0,40 €	700	0,70 €	1100

Berechnen Sie die Preisindizes nach Lip und Pip!

7. Indexzahlen (Laspeyres Preisindex / Paasche Preisindex)

Aufgabe 1:

LIP = ((0,50 * 1270) + (8,99 * 400) + (0,70 * 700)) / ((0,30 * 1270) + (5,99 * 400) + (0,40 * 700)) * 100

PIP = ((0,50 * 1560) + (8,99 * 700) + (0,70 * 1100)) / ((0,30 * 1560) + (5,99 * 700) + (0,40 * 1100)) * 100

LIP = 154,43

PIP = 153,75

8. Stochastik

8.1 Baumdiagramm, 4-Felder-Tafel, Venn-Diagramm

Aufgabe 1 (Venn-Diagramm)

Ein Burgerladen will seine Bestellungen auswerten: Am heutigen Tag waren 150 Kunden zu Besuch. 60 Kunden bestellten Burger. 71 Kunden bestellten Hot Dogs. 35 Kunden bestellten Pommes. 24 Kunden bestellten Burger und Pommes. 11 Kunden bestellten Burger, Pommes und Hotdogs. 34 Kunden bestellten Hot Dogs und Burger. 21 Kunden bestellten Hot Dogs und Pommes.

a) Ermittle anhand eines Venn-Diagramms, wie viele Kunden gar nichts bestellten.

b) Erkläre, welches Skalenniveau für die statistische Darstellung dieses Sachverhalts passend wäre.

c) Wie hoch ist die Wahrscheinlichkeit, einen Kunden zu wählen der Hot Dogs bestellt, wenn man einen beliebigen Kunden aus dem oberen Sachverhalt zu seiner Bestellung befragen würde?

Aufgabe 2 (Venn-Diagramm)

Ein Klamottenhändler dokumentiert die Einkäufe eines Tages. Insgesamt waren 150 in seinem Geschäft. 40 Kunden haben Pullover eingekauft. 40 Kunden haben Hosen eingekauft. 55 Kunden haben Schuhe gekauft. Genau 25 Kunden haben Hosen und Schuhe eingekauft. 15 Kunden haben Schuhe und Pullover eingekauft. 18 Kunden haben Pullover und Hosen gekauft. 7 Kunden haben alle drei Produkttypen erworben.

Wie viele Kunden haben den Laden verlassen, ohne etwas zu kaufen?

8. Stochastik

8.1 Baumdiagramm, 4-Felder-Tafel, Venn-Diagramm

Aufgabe 1 (Venn-Diagramm)

$\Omega = 150$

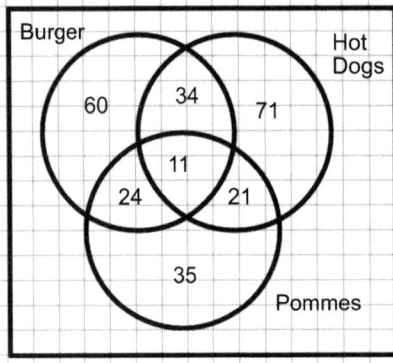

a)

Bs :
B\[(B∩H) ∪ (B∩P)\(B∩H∩P)]
60-(34+35-11)= 2

Hs:
H\[(H∩B) ∪ (H∩P)\(B∩H∩P)]
71-(34+21-11)= 27

Ps:
P\[(P∩B) ∪ (P∩H)\(B∩H∩P)]
35-(24+21-11)= 1

(B∩H)s:
B∩H\

b)

c)

$\Omega = 150$

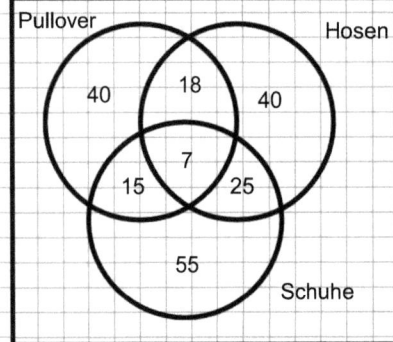

Aufgabe 2 (Venn-Diagramm)

a)

b)

c)

8. Stochastik

8.1 Baumdiagramm, 4-Felder-Tafel, Venn-Diagramm

Aufgabe 3 (4-Felder-Tafel)

Bilde eine vollständige Vierfeldertafel zu folgendem Sachverhalt:

In einem Hühnerstall befinden sich 18 Hennen. 12 Hennen legen braune Eier.
Der Rest legt weiße Eier. Fünf Hennen sind braun und legen braune Eier. Neun
Hennen sind weiß.

Aufgabe 4 (4–Felder-Tafel)

Ein Burgerbrater ist durcheinander: Insgesamt hat er 50 Burgerbestellungen zu
bearbeiten. Er weiß, dass 60% der Burger mit Käse sind, der Rest ist ohne Käse.
75% der Burger mit Käse sollen außerdem mit Bacon belegt sein. Insgesamt sollen
55% der Burger mit Bacon sein.
Verschaffe dem Burgerbrater durch eine Vierfeldertafel Klarheit.
Gestalte diese sowohl relativ als auch absolut.

8. Stochastik

8.1 Baumdiagramm, 4-Felder-Tafel, Venn-Diagramm

Aufgabe 3 (4-Felder-Tafel)

	WH	$\overline{WH}$	$\sum$
WE	2	4	6
$\overline{WE}$	7	5	12
$\sum$	9	9	18

WH = Weiße Henne
WE = Weißes Ei

Aufgabe 4 (4–Felder-Tafel)

	K	$\overline{K}$	$\sum$
B	22,5 // 45%	5 // 10%	27,5 // 55%
$\overline{B}$	7,5 // 15%	15 // 30%	22,5 // 45%
$\sum$	30 // 60%	20 // 40%	50

8. Stochastik

8.1 Baumdiagramm, 4-Felder-Tafel, Venn-Diagramm

Aufgabe 5 (Baumdiagramm)

Eine Münze wird 4 mal geworfen.

Bestimme mithilfe eines Baumdiagramms die Wahrscheinlichkeiten für folgende Ereignisse:

a) Zahl, Kopf, Kopf, Zahl
b) Zahl, Zahl, Zahl, Zahl
c) Mindestens 2 mal Zahl

Aufgabe 6 (Baumdiagramm)

Aus einem Kartenstapel mit 5 Karten wird ohne zurücklegen gezogen. Die fünf Karten sind mit A,A,C,G,G beschriftet. Insgesamt wird 3 mal gezogen.

Berechne die Wahrscheinlichkeiten für folgende Ziehfolgen:

a) A, G, C
b) G, A, A
c) G, C, A
d) G, C, C

8. Stochastik

8.1 Baumdiagramm, 4-Felder-Tafel, Venn-Diagramm

Aufgabe 5 (Baumdiagramm)

a)   0,5*0,5*0,5*0,5 = <u>0,0625</u>
b)   0,5*0,5*0,5*0,5 = <u>0,0625</u>
c)   0,5*0,5*0,5*0,5 + 0,5*0,5*0,5*0,5 + 0,5*0,5*0,5*0,5 + 0,5*0,5*0,5*0,5 +
       0,5*0,5*0,5*0,5 + 0,5*0,5*0,5*0,5 + 0,5*0,5*0,5*0,5 + 0,5*0,5*0,5*0,5 +
       0,5*0,5*0,5*0,5 + 0,5*0,5*0,5*0,5 + 0,5*0,5*0,5*0,5 = <u>0,6875</u>

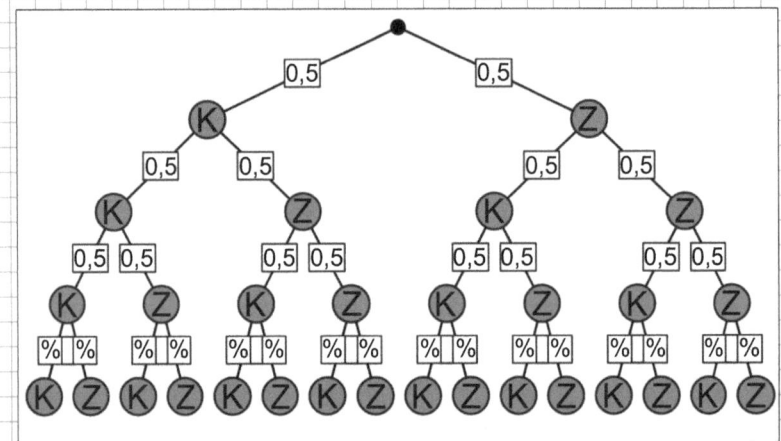

Aufgabe 6 (Baumdiagramm)

a) 0,4*0,5*1/3 = 1/15   b) 0,4*0,5*1/3 = 1/15

c) 0,4*0,25*2/3 = 1/15   d) 0,4*0,25*0 = 0

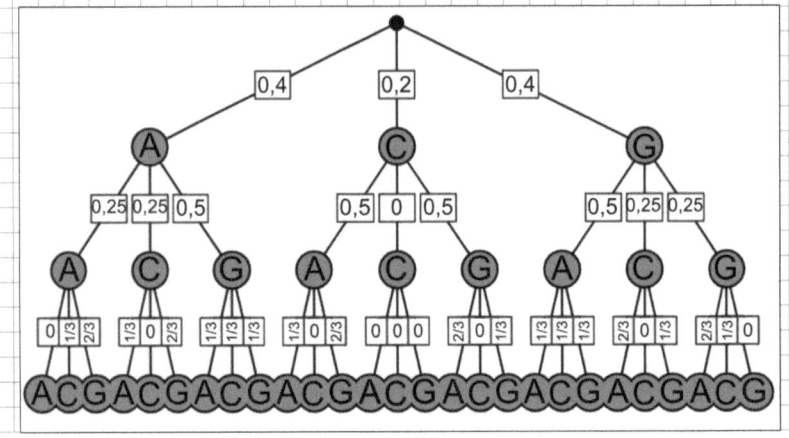

8. Stochastik

8.2 Bernoulli, Wahrscheinlichkeits- und Verteilungsfunktion (stetig/ diskret)

Aufgabe 1 (W-/V-Funktion)

Für ein Brettspiel wird ein sechsseitiger Würfel mit den Zahlen 1-6 verwendet.

a) Gebe die Wahrscheinlichkeitsverteilung an.

b) Gebe die Wahrscheinlichkeits- und Verteilungsfunktion an.

c) Berechne die Wahrscheinlichkeit, drei mal hintereinander 3 zu würfeln.

d) Berechne die Wahrscheinlichkeit, drei mal hintereinander dieselbe Zahl bei Zahlen von 1-3 zu würfeln.

Aufgabe 2 (Bernoulli)

Eine Urne enthält 7 schwarze, 4 rote und 8 weiße Kugeln. Es wird 8 mal mit zurücklegen gezogen. Berechne mithilfe der Bernoulli-Formel, wie hoch die Wahrscheinlichkeit für folgende Ereignisse ist:

a) 5 schwarze Kugeln werden gezogen.

b) 3 schwarze Kugeln und 2 rote Kugeln werden gezogen

c) 1 weiße Kugel, 1 rote Kugel, 2 schwarze Kugeln werden gezogen.

Aufgabe 3 (Bernoulli)

Ein Weingut in Kallstadt lagert besonders alte Weine ein. Man geht davon aus, dass ca. 17% der Weine aufgrund ihres Alters nicht mehr genießbar sind.
Nach jedem Arbeitstag füllt der Kellermeister die verkauften Flaschen aus dem Verkaufsraum auf, indem er sie aus dem unendlichen Hauptlager holt.

a) Kellermeister Hans verbraucht jeden Tag eine Flasche für eine Weinprobe. Wie hoch ist die Wahrscheinlichkeit, dass nach 8 Tagen, 3 davon ungenießbar waren?

b) Ein Mitarbeiter entwendet jeden Tag nach seiner Arbeitszeit eine Flasche Wein aus dem Verkaufsraum, um sich den Abend zu versüßen.
Als Hans nach 30 Tagen auf den Überwachungskameras sieht, dass der Mitarbeiter diese klaut, entlässt er ihn und hofft, dass mindestens die Hälfte verdorben war. Wie hoch ist die Wahrscheinlichkeit dafür?

8. Stochastik

8.2 Bernoulli, Wahrscheinlichkeits- und Verteilungsfunktion (stetig/ diskret)

Aufgabe 1 (W-/V-Funktion)

a) Gebe die Wahrscheinlichkeitsverteilung an.

b) Gebe die Wahrscheinlichkeits- und Verteilungsfunktion an.

c) Berechne die Wahrscheinlichkeit, drei mal hintereinander 3 zu würfeln.

d) Berechne die Wahrscheinlichkeit, drei mal hintereinander dieselbe Zahl bei Zahlen von 1-3 zu würfeln.

Aufgabe 2 (Bernoulli)

a) (8 über 5)*$(7/19)^5$*$(1-(7/19)^{8-5}$ = 0,096 // 9,6%

b) (8 über 3)*$(7/19)^3$*$(1-(7/19)^{8-3}$ * (8 über 2)*$(4/19)^2$*$(1-(4/19)^{8-2}$ = 0,281 * 0,3 = 0,0843 // 8,43%

c) (8 über 1)*$(8/19)^1$*$(1-(8/19)^{8-1}$ * (8 über 1)*$(4/19)^1$*$(1-(4/19)^{8-1}$ *
   (8 über 2)*$(7/19)^2$*$(1-(7/19)^{8-2}$ = 0,073 * 0,322 * 0,241

Aufgabe 3 (Bernoulli)

a) (8 über 3)*$(0,17)^3$*$(1-0,17)^{8-3}$ = 0,108

b) $\sum[x=15;m=30]$ (30 über 15)*$(0,17)^x$*$(1-0,17)^{30-x}$ = 0,000034 // 0,0034 %

9. Normalverteilung

9.1 Standard-Normalverteilung

Aufgabe 1

Berechnen Sie die Wahrscheinlichkeit, dass eine Zufallsvariable aus der Standardnormalverteilung einen Wert zwischen -1 und 1 annimmt.

Aufgabe 2

Berechnen Sie die Wahrscheinlichkeit, dass eine Zufallsvariable aus der Standardnormalverteilung einen Wert kleiner als -2 annimmt.

Aufgabe 3

Bestimmen Sie den Wert x, für den die Wahrscheinlichkeit $P(X < x) = 0,95$ beträgt.

Aufgabe 4

Bestimmen Sie den Flächenanteil der Standardnormalverteilung, der oberhalb des Wertes 0,8 liegt.

9. Normalverteilung

9.1 Standard-Normalverteilung $\qquad z= (x-\mu)/\sigma$

Aufgabe 1

z= -1 -> 1-0,841345 = 0,158655

z= 1 -> 0,841345

0,841345-0,158655= 0,68269 = 68,27%

Aufgabe 2

z= -2 -> 1-0,977250 = 0,02275 = 2,28%

Aufgabe 3

0,95 -> z=1,64

Aufgabe 4

z= 0,8 -> 0,788145 = 78,81% // 1-0,788145 = 0,211855

9. Normalverteilung

9.2 Normalverteilung

Aufgabe 1

f = N (100; 15)

Die IQ-Werte der Bevölkerung sind normalverteilt mit einem Mittelwert von 100 und einer Standardabweichung von 15. Wie hoch ist der IQ-Wert, der von 95 % der Bevölkerung übertroffen wird?

Aufgabe 2

f = N (20; 0,2)

Der Fertigungsleiter möchte wissen, wie groß die Wahrscheinlichkeit ist, dass die gefertigten Teile innerhalb der Toleranz von 19 bis 21 cm liegen.

Aufgabe 3

f = N (5; 0,1)

Eine Fabrik produziert Schrauben, deren Länge normalverteilt mit einem Mittelwert von 5 cm und einer Standardabweichung von 0,1 cm ist. Welcher Anteil der Schrauben ist länger als 5,1 cm?

Aufgabe 4

f = N (70; 10)

Die Ergebnisse einer Prüfung sind normalverteilt mit einem Mittelwert von 70 von 120 Punkten und einer Standardabweichung von 10 Punkten.Wieviel Prozent der Punkte muss man erreichen, um die besten 25 % zu erreichen?

9. Normalverteilung

Aufgabe 1

f = N (100; 15)

z-Wert für untere 95% = -1,64
-1,64=(x-100)/15 | *15 +100
75,4 = x

Antwort. Der IQ-Wert 75,4 wird von 95% der Bevölkerung übertroffen

Aufgabe 2

f = N (20; 0,2)

z=(21-20)/0,2 = 5

z=(19-20)/0,2 = -5

5-5 = 0 -> z-Wert 0 = 50%

Aufgabe 3

f = N (5; 0,1)

z=(5,1-5)/0,1 = 1

z-Wert 1 = 0,841345 (sind kürzer oder gleich) -> 1-0,841345 = 0,158655

Antwort: 15,87% der Schrauben sind länger als 5,1 cm

Aufgabe 4

f = N (70; 10)

0,67=(x-70)/10 | *10 +70

76,7=x -> 76,7/120 = 0,639

Antwort: Man muss 63,9% der Punkte erreichen, um zu den besten 25% zu gehören

9. Normalverteilung

9.2 Normalverteilung

Aufgabe 5

Die Autos in einer Dreißigerzone fahren im Durchschnitt 29 km/h mit einer Standardabweichung von 5 km/h.
a) Wie groß ist die Wahrscheinlichkeit, dass ein Auto mit 40 km/h und b) mit mehr als 40km/h durch die Dreißigerzone fährt?

Aufgabe 6

Der durchschnittliche Student gibt 35€ in der Woche aus. Die Varianz beträgt 12€. Wieviel € geben die oberen 10% aus?

Aufgabe 7

In einer Stadt beträgt die durchschnittliche Niederschlagsmenge im Monat Mai 40 mm mit einer Standardabweichung von 10 mm. Wie groß ist die Wahrscheinlichkeit, dass im Mai weniger als 25 mm Niederschlag fallen?

Aufgabe 8

Eine Firma produziert Glühbirnen, deren Lebensdauer normalverteilt mit einem Mittelwert von 1000 Stunden und einer Standardabweichung von 150 Stunden ist. Wie hoch ist der Anteil der Glühbirnen, die länger als 1200 Stunden halten?

9. Normalverteilung

9.2 Normalverteilung

Aufgabe 5

a) Nicht möglich die Wahrscheinlichkeit für eine genaue Zahl zu berechnen

b) $z=(40-29)/5$
$z=2,2$ -> $0,986097$ -> $1-0,986097= 0,013903$ // $1,39\%$

Aufgabe 6

z von obere 10% = 1,28

$1,28=(x-35/12)$ | *12 +35
$50,36=x$

Antwort: Die oberen 10% geben mehr als 50,36€ aus

Aufgabe 7

$z=(25-40)/10$
$z=-1,5$ -> $1-0,933193 = 0,066807$ // $6,68\%$

Antwort: Die Wahrscheinlichkeit, dass weniger als 25 mm Niederschlag fallen liegt bei 6,68%

Aufgabe 8

$z=(1200-1000)/150$
$z=1,33$ -> $1-0,908241 = 0,091759$ // $9,18\%$

Antwort 9,18% Der Glühbirnen halten länger als 1200 Stunden

10.   Testverfahren

10.2 T-Test

Aufgabe 1

Ein Unternehmen produziert Schrauben, welche 55 mm lang sind. Die produzierten Schrauben dürfen maximal 2 mm von diesem Wert abweichen.

Eine Stichprobe aus der Produktion gibt folgende Schraubenlängen:
56 mm, 57 mm, 54.5mm, 53mm, 58mm, 56.5mm, 55mm

a) Stelle sinnvolle Hypothesen auf.

b) Bestätige eine der Hypothesen durch statistisches Testen.

Aufgabe 2

Ein Unternehmen behauptet, dass die durchschnittliche Batterielaufzeit ihres Produkts 10 Stunden beträgt. Ein Verbraucherbericht zweifelt jedoch an dieser Behauptung und vermutet, dass die tatsächliche durchschnittliche Batterielaufzeit darunter liegt.

Um die Hypothese zu testen, führt der Verbraucherbericht einen t-Test durch. Eine Stichprobe von 25 Produkten wird zufällig ausgewählt und die Batterielaufzeit jedes Produkts gemessen. Die Stichprobe ergibt einen Durchschnitt von 9,4 Stunden und eine Standardabweichung von 1,2 Stunden.
Um wirklich sicherzugehen,wird ein Signifikanzlevel von 1 gewählt.

10. Testverfahren

10.2 T-Test

Aufgabe 1

a) H_0: Die produzierten Schrauben weichen maximal 2 mm ab
H_1: Die produzierten Schrauben weichen mehr als 2 mm ab

b) Bestätige eine der Hypothesen durch statistisches Testen.

$\bar{x} = (56+57+54,5+53+58+56,5+55)/7 = 55,71$

$s = \sqrt{(1/7-1)} \cdot (56-55,71)^2+(57-55,71)^2+(54,5-55,71)^2+(53-55,71)^2+(58-55,71)^2+(56,5-55,71)^2+(55-55,71)^2 = 1,68$

Fg: 7-1 + 97,5(α) [beidseitig] -> +/-2,447

$t = (55,71-55)/(1,68/\sqrt{7})$
$t = 1,118$

Antwort: 1,118 liegt zwischen -2,447 und +2,447 und ist damit nicht im Ablehnungsbereich. H_0 wird angenommen.

Aufgabe 2

H_0: Die Batterielaufzeit beträgt mindestens 10 Stunden
H_1: Die Batterielaufzeit beträgt weniger als 10 Stunden

$\bar{x} = 9,4$ h

$s = 1,2$ h

Fg: 25-1 + 99(α) -> -2,492

$t = (9,4-10)/(1,2/\sqrt{25})$
$t = -2,5$

Antwort: H_0 wird abgelehnt und H_1 angenommen.

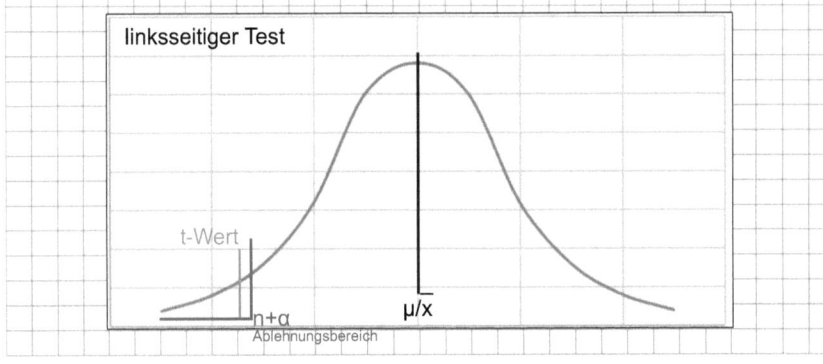

119

10. Testverfahren

10.3 Chi²-Test

Aufgabe 1:

Ein Klamottenverkäufer will herausfinden, ob Menschen ein Zusammenhang zwischen der Kleidungsgröße und der Wahl der Farbe besteht. Er bietet die Größen S, M und L sowie die Farben Rot, Grün und Gelb an. Mit folgender Tafel hat er die heutigen Käufe nach Größe und Farbe sortiert:

Farbe Größe	Grün	Rot	Gelb
S	12	10	18
M	18	12	11
L	7	22	3

Berechne mithilfe des Chi² Tests, ob ein Zusammenhang zwischen Größe und Farbe besteht.

10. Testverfahren

10.3 Chi²-Test

Aufgabe 1:

Beobachtete Werte:

Größe \ Farbe	Grün	Rot	Gelb	∑
S	12	10	18	40
M	18	12	11	41
L	7	22	3	32
∑	37	44	32	113

Erwartete Werte (($\sum$*$\sum$)/n)):

Größe \ Farbe	Grün	Rot	Gelb
S	13,1	15,6	12
M	13,4	16	11,6
L	10,5	12,5	9,1

$(12-13,1)^2/13,1+$
$(18-13,4)^2/13,4+$
$(7-10,5)^2/10,5+$
$(10-15,6)^2/15,6+$
$(12-16)^2/16+$
$(22-12,5)^2/12,5+$
$(18-12)^2/12+$
$(11-11,6)^2/11,6+$
$(3-9,1)^2/9,1$

$= 0,92 + 1,58 + 1,16 + 2,01 + 1 + 7,22 + 3 + 0,03 + 4,09$
$= \underline{21,01}$ // Freiheitsgrad: 2*2= 4 + α (95) -> 9,488

Es gibt einen Zusammenhang zwischen Größe und Farbe!

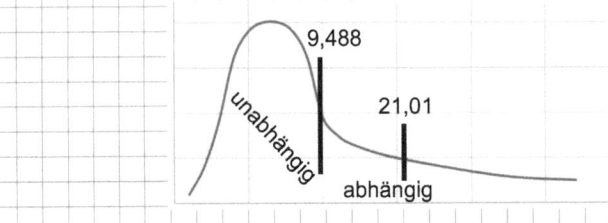

10. Testverfahren

10.3 Chi²-Test

Aufgabe 2:

Ein Autohersteller will überprüfen, ob es bei den Kunden einen Zusammenhang zwischen erworbenem Modell und der Farbe des Autos gibt. So kann er besser planen, welche Farben er für seine Produktion in welcher Menge bestellen muss. Er wählt ein Konfidenzintervall von 0,95.
In folgender Tabelle hat er die bisherigen Käufe dokumentiert:

Farbe ＼ Modell	Coupe	SUV	Σ
Grün	10	30	40
Weiß	21	4	25
Schwarz	19	16	35
Σ	50	50	100

10. Testverfahren

10.3 Chi²-Test

Aufgabe 2:

Ein Autohersteller will überprüfen, ob es bei den Kunden einen Zusammenhang zwischen erworbenem Modell und der Farbe des Autos gibt. So kann er besser planen, welche Farben er für seine Produktion in welcher Menge bestellen muss. Er wählt ein Konfidenzintervall von 0,95.
In folgender Tabelle hat er die bisherigen Käufe dokumentiert:

Erwartete Werte:

Farbe \ Modell	Coupe	SUV	Σ
Grün	20	20	40
Weiß	12,5	12,5	25
Schwarz	17,5	17,5	35
Σ	50	50	100

Freiheitsgrade:
(2-1) * (3-1) = 2

X^2: ... = 21,82

Konfidenzintervall: 0,95

Tabellenwert: 5,99

21,82 > 5,99

Damit besteht Zusammenhang zwischen den Merkmalen.

10. Testverfahren

10.4 Zwei-Stichproben t-Test

Aufgabe 1

Ein Unternehmen hat eine neue Version seines Produkts entwickelt und behauptet, dass die durchschnittliche Ladezeit für die neue Version (y) kürzer ist als die für die alte Version (x). Um diese Behauptung zu überprüfen, führt ein unabhängiger Tester einen Zwei-Stichproben t-Test durch.

Um die Hypothese zu testen, werden zwei Stichproben durchgeführt: eine für die neue Version und eine für die alte Version des Produkts. Jede Stichprobe umfasst 9 zufällig ausgewählte Produkte.

Stichprobe der neuen Version: Durchschnittliche Ladezeit = 35 Minuten

Stichprobe der alten Version: Durchschnittliche Ladezeit = 37 Minuten

	x	y	D	D-D
1	34	33		
2	37	35		
3	40	37		
4	35	32		
5	39	38		
6	36	34		
7	35	36		
8	38	36		
9	39	34		

10. Testverfahren

10.4 Zwei-Stichproben t-Test

Aufgabe 1

$H_0: \mu_{neu} >/= \mu_{alt}$
$H_1: \mu_{neu} < \mu_{alt}$

	x	y	D	D-D
1	34	33	1	-1,22
2	37	35	2	-0,22
3	40	37	3	0,78
4	35	32	3	0,78
5	39	38	1	-1,22
6	36	34	2	-0,22
7	35	36	1	-1,22
8	38	36	2	-0,22
9	39	34	5	2,78
	$\bar{x}= 37$	$\bar{y} = 35$	$d = 2,22$	$\Sigma^2 = 13,56$

$s= \sqrt{1/8 \cdot (13,56)} = 1,3$

$T = (2,22-0)/(1,3/\sqrt{9})$
$T = 5,12$

1-Alpha (95) + Fg 9 = 1,833 (Ablehnungsbreich)

Antwort: H_0 abgelehnt

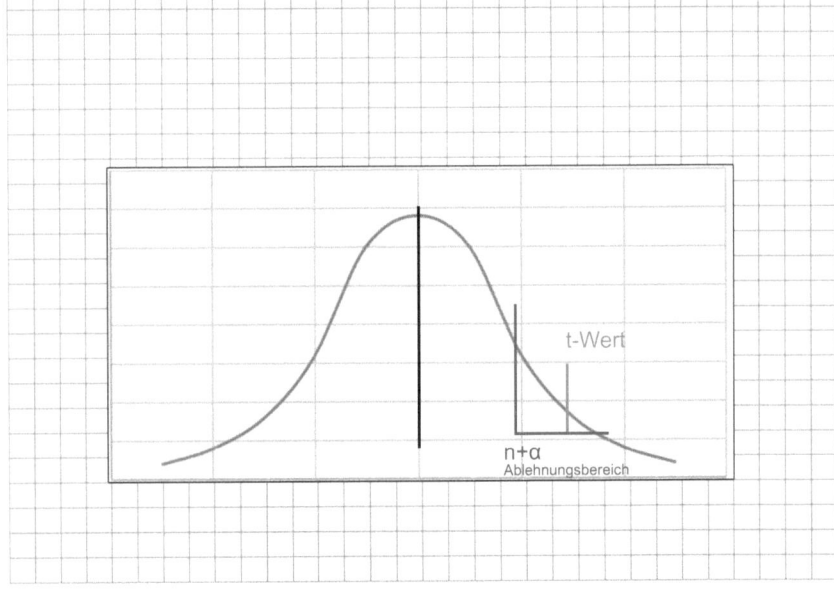